JN121223

ATC入門
―VFR編―

縄田義直著

鳳文書林出版販売㈱

はしがき

本書は，これからパイロットを目指す初心者の人，これから操縦訓練を行おうとする人を対象とした VFR ATC の入門書である．パイロットにとって必要な知識は，航空法規，航空管制，操縦知識，航空技術，航空気象など非常に多岐に及んでいるが，本書は，パイロットと管制機関との無線交信（ATC）に主眼をおいて編集したものである．また，対象者を初心者の人としているため，航空管制に関する内容説明は必要最小限度にしてある．

本書において登場する空港は主に，筆者が勤務している独立行政法人航空大学校が所在する宮崎空港・帯広空港・仙台空港を中心とし，航空機のコールサインは訓練機のものを使用している．航空大学校の訓練機が行っている ATC を取り上げてはいるが，他の空港及び他機関にて操縦訓練を行う場合，既に自家用操縦士のライセンスを持ち飛行を行う場合においても基本的事項はほぼ同様である．しかしながら，読者が実際に飛行を行う場合に本書の内容と差異がある場合，運航方式が違う場合（本書では 2021 年 10 月現在の方式を使用している），ローカルルールがある場合などは，そちらを優先して頂きたい．本書の内容は，VFR 運航（訓練）をこれから始めようとする人たちへの，あくまでも手助けであって道案内でしかないことをご容赦願いたい．

これからパイロットになろうと本書を紐解かれた人は，本書の内容を見ると案外簡単なものだと思うかもしれないが，実際に操縦桿を握る段階になると操縦の方に注意が向きやすいため，管制機関との交信は意外と難しいものである．また，実際に飛行している人にとっても，無線交信の重要性・難易度はいうまでもない．あらかじめ入念な学習・演習が必要とされるであろう．

なお，内容の説明，管制用語の日本語訳などに関しては，以下の文献を参考に行っている．

公益社団法人日本航空機操縦士協会 『Aeronautical Information Manual JAPAN』

国土交通省航空局 『航空保安業務処理規程　第 5 管制業務処理規程』

国土交通省航空局 『AIP Aeronautical Information Publication JAPAN』

一般財団法人航空振興財団 『国際民間航空条約第 1 付属書～ 18 付属書』

内容に関して，概ね一般的なものを説明したつもりではあるが，万が一，記述及び内容の間違いなどがあれば，それはすべて筆者の責に帰すべきものである．

アメリカ，イギリス，フランスなど諸外国には，ATC を主眼においた入門書は数多くあるが，日本においては数えるほどしか存在していない．本書が，わずかなりともこれからパイロットを志す人たちへの導入部分の役割を演じることができ，空の安全に寄与できれば誠に喜びである．

なお，刊行にあたっては，鳳文書林出版販売青木孝氏には筆者の遅筆をお許し下さり，また，作図など多大なるご協力を頂きました．心からの謝意を表したいと思います．

縄田義直

本書の利用の仕方

本書は，航空管制においてパイロットと管制官（等）が行う通信に関して，文字の読み方から，実際に交信する場合の用例を中心に扱っている．方式・用語などは日本で採用されているものを使用しているため，外国で訓練する人は，別途，当該国の規程を参照されたい．

本書は 7 つの PART から構成され，初学者の人も自学自習ができるよう，飛行場周辺での飛行から管制圏外での飛行，他空港への飛行と，順を追って配置してある．読者においては，初めから順番に読んでいっても，知りたい部分を先に読んで頂いても構わない．読者のニーズにあわせて使用して頂ければ幸いである．

PART.1 と PART.2. では操縦訓練に先立って知っておくべきことを簡単にまとめてある．なお，説明は最小限度にしてあるので，詳しい内容は専門書を参考にされたい．

PART.3. から PART.6. までは，概ね以下の構成になっている．

■ Words & Phrases --- 本書の UNIT で出てくる用語，及び，UNIT では出てこない用語ではあるが覚えておくと有益である用語，他の状況下では使用される可能性がある用語を扱っている．説明は付してあるが，万が一意味・用途が不明な場合には専門書で調べて頂きたい．

■ Introduction --- UNIT で扱う内容の説明及び注意すべき点を記してある．

■ Typical Exchanges --- 交信の一般的な流れを記してある．左側がパイロット，右側が管制機関（等）である．

■ Phraseology Example --- 実際に行われる交信を扱う．英語の交信の後に，日本語による訳を参考に付けてあるので参考にされたい．

PART.7. においては，VFR にて他空港へ飛行する場合の，管制機関との一連の交信を扱っている．

本書の利用にあたっては，以下の点に注意願いたい．

■ コールサインは，便宜上，航空大学校の訓練機のものを使用しているが，一部，実在するコールサイン及び架空のコールサイン（JA 123G 等）を使用している．

■ 本書における帯広空港での交信において，インターセクション・デパーチャーに関する用語・方式は省略している場合がある．

■ 風向風速の表記に関して，「wind 320 degrees at 14 knots」とするべきところを，「wind 320 at 14」と簡略化している場合がある．

■ 高度に関しては「1,500 feet」と「1,500」を混在させている（実際には「feet」の用語は発音されない場合もあるということを付言しておく）．

■ 数多くの表現に接するという観点から，複数の言い方を混在させている．「request taxi」「request taxi instruction」「request taxi for ~」など．

INDEX

PART.5. 野外飛行

PART.6. 緊急時における運航

PART.7. VFR フライトシナリオ

＜本書におけるチャート類について＞

本書における図はすべて，

航空路誌：AIP（Aeronautical Information Publication）

を元に描き直したものです．あくまでも本書の説明のために使用しているものであるので，実際の運航には使用しないようご注意下さい．

＜本書における交信について＞

本書における交信は，実際に行われる又は行われたものではなく，あくまでも模擬したものです．一部，実在する名称・航空会社・団体等がありますが，実際とは一切関係ありません．

また，空域再編，経路・計器進入方式・エンルートチャートの改正，管制方式に係る記載事項・飛行計画経路の変更等，及び管制サービスのあり方の変更等により，本書の内容が現状と大幅に異なっている，又は異なってくる場合もあることを補足しておきます．

＜本書で使用している略号等＞

区分	略号	表記
管制区管制所	Control	ACC
ターミナル管制所	Radar	RDR
ターミナル管制所入域管制席	Approach / Arrival	APP
ターミナル管制所出域管制席	Departure	DEP
ターミナル管制所 TCA 管制席	TCA	TCA
飛行場管制所	Tower	TWR
飛行場管制所地上管制席	Ground	GND
飛行場管制所管制承認伝達席	Delivery	DEL
着陸誘導管制所	GCA	GCA
飛行場対空援助局	Radio	AFIS
広域対空援助局	Information	AEIS
国際対空通信局	なし（Tokyo）	TOKYO
成田空港ランプコントロール	Ramp	RAMP
飛行援助用航空局	Flight Service	FS

本文中，管制機関側で CTL と記載しているところは，特に発話者を特定していない場合です．なお，上記の中でも，本書では登場しないものもあります．

PART.1.

文字と発音

UNIT.1. Letters & Numbers

- 文字と数字 -

文字の読み方

航空通信で文字を読む時は，以下のように読む．

A	Alfa	AL FAH
B	Bravo	BRAH VOH
C	Charlie	CHAR LEE or SHAR LEE
D	Delta	DELL TAH
E	Echo	ECK OH
F	Foxtrot	FOKS TROT
G	Golf	GOLF
H	Hotel	HOH TELL
I	India	IN DEE AH
J	Juliett	JEW LEE ETT
K	Kilo	KEY LOH
L	Lima	LEE MAH
M	Mike	MIKE
N	November	NO VEM BER
O	Oscar	OSS CAH
P	Papa	PAH PAH
Q	Quebec	KEH BECK
R	Romeo	ROW ME OH
S	Sierra	SEE AIRRAH
T	Tango	TANG GO
U	Uniform	YOU NEE FORM or OO NEE FORM
V	Victor	VIK TAH
W	Whisky	WISS KEY
X	X-ray	ECKS RAY
Y	Yan kee	YANG KEY
Z	Zulu	ZOO LOO

数字の読み方

100 単位，1,000 単位のものを除き，それぞれの数字に区切って送信する．100 単位の時は 100 の位の数字に「HUNDRED」の語を，1,000 単位の時は 1,000 の位以上の数字に区切り「THOUSAND」の語を付して送信する．

1,000 単位と 100 単位が混在している場合，1,000 の位以上の数字に「THOUSAND」の語を付した後，100 の位の数字に「HUNDRED」の語を付して送信する．

0	ZE-RO
1	WUN
2	TOO
3	TREE
4	FOW-er
5	FIFE
6	SIX
7	SEV-en
8	AIT
9	NIN-er
Decimal	DAY-SEE-MAL
Hundred	HUN-dred
Thousand	TOU-SAND

例：

10	ONE ZERO
75	SEVEN FIVE
583	FIVE EIGHT THREE
600	SIX HUNDRED
5,000	FIVE THOUSAND
7,600	SEVEN THOUSAND SIX HUNDRED
11,000	ONE ONE THOUSAND
18,900	ONE EIGHT THOUSAND NINE HUNDRED

コールサイン

コールサインとは，無線通信で使用する呼び名のことである．

1．民間機のコールサインは，以下のいずれかの形式による．

① 航空機の国籍記号（日本の国籍記号はJA） ＋ 登録記号

例） JA 010C，JA 5801

また，航空機製造会社の名称や航空機の型式を国籍記号の代わりに使用してもよい．

② 航空機運航機関の略号 ＋ 航空機登録記号の最後の 4 文字

例） JAL 307J (Japan Air 307J)，ANA 10AN（All Nippon 10AN）

③ 航空機運航機関の略号 ＋ 便名

例） ANA 943（All Nippon 943)，JAL 1609（Japan Air 1609）

2．管制機関（等）のコールサインは，

各機関の名称 ＋ 管制業務の種類（略号）を付したもの

により構成される．（各機関の説明についてはP.18～を参照のこと）

管制業務（等）の種類	略号	例
管制区管制所	Control	Tokyo Control
ターミナル管制所	Radar	Kansai Radar
入域管制席	Approach (Arrival)	Kansai Approach
出域管制席	Departure	Kansai Departure
TCA 管制席	TCA	Kansai TCA
飛行場管制所	Tower	Tokyo Tower
地上管制席	Ground	Tokyo Ground
管制承認伝達席	Delivery	Tokyo Delivery
飛行場対空援助局	Radio	Fukushima Radio
広域対空援助局	Information	New Chitose Information
飛行援助用航空局	Flight Service	Chofu Flight Service

コールサインの読み方

航空機のコールサインの「数の送信」については，一字ずつ読むのが普通である．しかし，管制官又はパイロットが類似性を有する航空便名を認知し，混同の恐れがあると認めた場合は，数字を「普通読み」する場合がある．

JTA 31	Jai Ocean Three One / Jai Ocean Thirty One
ANA 666	All Nippon Six Six Six / All Nippon Triple Six
JAL 300	Japan Air Three Zero Zero / Japan Air Three Hundred
SKY 711	Skymark Seven One One / Skymark Seven Eleven
JAC 2411	Commuter Two Four One One / Commuter Twenty Four Eleven

混同を避けるための読み方なので，管制機関が「普通読み」で交信してきた場合，パイロットの側も「普通読み」で応答することが望ましい．

交信の方法

管制機関（等）と最初に通信を始めることをイニシャルコンタクトという．イニシャルコンタクトは原則として，パイロットが

・管制機関（等）のコールサイン

・航空機のコールサイン

を伝え，管制機関（等）が

・航空機のコールサイン

・管制機関（等）のコールサイン

・go ahead

と応答することによって始まる．例えば，

PIL: Miyazaki Ground, JA 71MA.

GND: JA 71MA, Miyazaki Ground, go ahead.

通信を設定する時は完全なコールサインを使用しなければならない．その後，続けて通信を行う時は，混同の恐れがない限り，管制機関（等）のコールサインは省略できる．

リードバック

パイロットは，管制機関（等）からの送信に対し，聞き違いの防止及び送信者によるダブルチェック機能を働かすために，リードバック（復唱）を行うべきである．すべての内容をリードバックするのはいたずらに通信量を増加させるだけなので，重要な事項（ATC クリアランス，速度・高度等に関する指示，QNH 値等）を中心にリードバックすべきである．

リードバックのやり方として，以下の 1. ～ 4. の方法があげられる．

1．航空機のコールサインのみ

2．航空機のコールサイン　＋　ROGER 等の用語による応答

3．航空機のコールサイン　＋　通信内容の概略のリードバック

4．航空機のコールサイン　＋　通信内容の完全なリードバック

なお，複数の航空機が同一周波数で同時に送信した場合，VHF 無線電話受信機の特性により，管制官はその状況を認識できない（聞くことができない）場合がある．よって，パイロットは，管制官が複数の航空機による同時送信に気付いていないと思われるような通信をモニターした場合，“blocked” 等と通報することが望ましい．

試験通信

試験通信は，通常，以下のように行う．

1．相手のコールサイン
2．自局のコールサイン
3．「radio check」
4．周波数
5．「how do you read」

なお，これに対する応答は，以下の事項である．

1．相手のコールサイン
2．自局のコールサイン
3．「reading you ～」

PIL: Miyazaki Ground, JA 71MA, radio check, 121.9, how do you read.
GND: JA 71MA, Miyazaki Ground, reading you 3.

受信の感明度は，次の５段階であり，数字又は用語によって表される．感度及び明瞭度がともに良好な場合は，「loud and clear」の用語も使用される．

1 --- unreadable	聞き取れない
2 --- readable now and then	時々聞き取れる
3 --- readable but with difficulty	困難だが聞き取れる
4 --- readable	聞き取れる
5 --- perfectly readable	完全に聞き取れる

読み方

時刻

一字ずつ読む．

(1) 0820　ZERO EIGHT TWO ZERO
(2) 1645(Z)　ONE SIX FOUR FIVE (ZULU)
(3) 0916(I)　ZERO NINE ONE SIX (INDIA)

タイムチェック

秒は最も近い 15 秒単位で示される．

(1) 11:55 15sec.　ONE ONE FIVE FIVE ONE QUARTER
(2) 06:14 30sec.　ZERO SIX ONE FOUR ONE HALF
(3) 20:30 45sec.　TWO ZERO THREE ZERO THREE QUARTERS
(4) 21:00 00sec.　TWO ONE ZERO ZERO SHARP

高度 （フィート）

単位は feet を使用し，100 及び 1,000 の語をつけて読む．なお，実際の交信では feet の用語は読まれない場合が多い．

(1) 600 feet	SIX HUNDRED (FEET)
(2) 5,300 feet	FIVE THOUSAND THREE HUNDRED (FEET)
(3) 11,000 feet	ONE ONE THOUSAND (FEET)

高度 （フライトレベル）

Flight Level を前置して，数字を一字ずつ読む．

(1) FL 290	FLIGHT LEVEL TWO NINE ZERO
(2) FL 200	FLIGHT LEVEL TWO ZERO ZERO

速度

単位は knot を使用し，一字ずつ読む．

(1) 250 knots	TWO FIVE ZERO (KNOTS)
(2) 60 knots	SIX ZERO (KNOTS)

距離

単位は nautical mile（海里）を使用し，一字ずつ読む．

(1) 135 miles	ONE THREE FIVE (MILES)
(2) 30 miles	THREE ZERO (MILES)

視程

visibility を前置し，一字ずつ読む．単位は，5,000 メートルを超える場合はキロメートル，5,000 メートル以下はメートルを使用する．

(1) 27 km	VISIBILITY TWO SEVEN KILOMETERS
(2) 6 km	VISIBILITY SIX KILOMETERS
(3) 3,000 m	VISIBILITY THREE THOUSAND METERS

滑走路

runway を前置し，一字ずつ読む．番号が 1 ～ 9 までの場合は 0（ゼロ）をつける．平行滑走路の場合は，right / left / center をつける．

(1) 35	RUNWAY THREE FIVE
(2) 34L	RUNWAY THREE FOUR LEFT

周波数

数字を一字ずつ読む.

(1) 118.7MHZ　　ONE ONE EIGHT DECIMAL SEVEN

(2) 121.9MHZ　　ONE TWO ONE DECIMAL NINE

風向風速

wind を前置し，一字ずつ読む．風向の 1 の位は四捨五入し，10 ～ 90 度には 0 をつける.

(1) 30° 12 knots　　WIND ZERO THREE ZERO (DEGREES) AT ONE TWO (KNOTS)

(2) 120~180°　　WIND DIRECTION VARIABLE BETWEEN ONE TWO ZERO AND ONE EIGHT ZERO (DEGREES)

高度計規制値

QNH を前置して，一字ずつ読む．インチの場合は，小数点以下を 2 桁まで小数点をつけずに読み，ヘクトパスカルの場合は，小数点以上の数値に hectopascal をつける.

(1) 1012　　QNH ONE ZERO ONE TWO HECTOPASCAL(S)

(2) 30.27　　QNH THREE ZERO TWO SEVEN (INCHES)

ヘディング

heading を前置し，数字を一字ずつ読む．1 ～ 99 は 0 を前置して 3 桁にする.

(1) 40°　　HEADING ZERO FOUR ZERO

(2) 360°　　HEADING THREE SIX ZERO

旋回角

「普通読み」し，degrees をつける.

(1) 20°　　TWENTY DEGREES

(2) 145°　　ONE FORTY FIVE DEGREES

(3) 360°　　THREE SIXTY DEGREES

航空路

「普通読み」する.

(1) V17　　VICTOR SEVENTEEN

(2) M750　　MIKE SEVEN FIFTY

(3) A590　　ALFA FIVE NINETY

UNIT.2. Standard Words & Phrases

- 基本的な用語 -

一般用語

通信の一般用語として，以下の用語が使用される．

ACKNOWLEDGE　通報の受信証を送って下さい

Example;

TWR: JA 71MA, runway unsafe, go around. ACKNOWLEDGE.

AFFIRM　そのとおりです

Example;

PIL: Obihiro Tower, JA 010C, CONFIRM cleared for take-off?

TWR: JA 010C, AFFIRM, wind 340 at 6, runway 35 cleared for take-off.

APPROVED　要求事項について許可又は承認します

Example;

PIL: Miyazaki Ground, JAL 688, at spot 4, request push back.

GND: JAL 688, push back APPROVED.

BREAK　当方は，これにより通報の各部の区別を示します

BREAK BREAK　通信多忙中，当方は，これにより他の航空機宛の通報との区別を示します

Example;

TWR: JA 010C, runway 35 line up and wait, BREAK BREAK, JA 011C, turn left T-3, taxi to CAC apron.

CANCEL　先に送信した承認又は許可を取り消します

Example;

TWR: JA 010C, CANCEL take-off clearance, hold present position.

PIL: JA 010C, roger. CANCEL take-off, hold present position.

CHECK　装置又は手順を調べなさい（通常，返答は期待しない）

Example;

TWR: CHECK gear / wheels down.

CLEARED　条件を付して許可又は承認します

Example;

TWR: JA 010C, wind 350 at 6, runway 35 CLEARED for take-off.

PIL: JA 010C, runway 35 CLEARED for take-off.

CONFIRM　当方が受信した次の情報は正しいですか．又はあなたはこの情報を正しく受信しましたか

Example;

PIL: Miyazaki Ground, JA 71MA, at CAC apron, request taxi.

GND: JA 71MA, taxi to holding point runway 09, new QNH 2992.

PIL: JA 71MA, taxi to holding point runway 09, CONFIRM QNH 2992?

GND: JA 71MA, affirm, QNH 2992.

CONTACT　～と交信して下さい

Example;

GND: ANA 602, CONTACT Miyazaki Tower 118.3.

CORRECT　あなたの送ったことは正しい

Example;

PIL: Obihiro Tower, JA 010C, confirm taxi to holding point runway 35?

TWR: JA 010C, that is CORRECT. Taxi to holding point runway 35.

CORRECTION　送信に誤りがありました．正しくは～です

Example;

PIL: Miyazaki Tower, JA 71MA, over Arita, CORRECTION, over Aioi, 1,500 feet, request landing instruction, information H.

DISREGARD　送信した通報は取り消して下さい

Example;

TWR: JA 010C, join direct left base.

PIL: Obihiro Tower, JA 010C, now leaving control zone.

TWR: JA 010C, DISREGARD.

GO AHEAD　送信して下さい

Example;

PIL: Obihiro Tower, JA 010C.

TWR: JA 010C, Obihiro Tower, GO AHEAD.

HOW DO YOU READ 当方の送信の感明度はいかがですか

Example;

TWR: JA 010C, Obihiro Tower, HOW DO YOU READ?

PIL: JA 010C. Reading you loud and clear.

I SAY AGAIN 当方は明確にするため又は強調するためもう一度送信します

Example;

TWR: JA 010C, hold position, I SAY AGAIN, hold position.

MONITOR （周波数）を聴取して下さい

Example;

GND: JA 71MA, MONITOR Tower 118.3, report when ready.

NEGATIVE ちがいます．承認されません又は正しくありません

Example;

PIL: Miyazaki Tower, JAL 688, confirm cleared for take-off?

TWR: JAL 688, NEGATIVE. Runway 09 line up and wait.

OUT 交信は終わりました．さようなら

Example;

TWR: All stations, Obihiro Tower, new QNH 3005, QNH 3005, OUT.

OVER 当方の送信は終わりました．どうぞ回答を送って下さい

Example;

PIL: Sendai Ground, JA 5810, OVER.

GND: JA 5810, Sendai Ground, go ahead.

READ BACK 当方の通報を受信したとおり全部復唱して下さい

Example;

TWR: JA 5806, hold short of runway 09. Traffic 2 miles on final.

PIL: Roger.

TWR: JA 5806, READ BACK hold short instructions.

PIL: Roger, hold short of runway 09, JA 5806.

REPORT 次の情報を通報して下さい

Example;

TWR: JA 71MA, REPORT when ready.

PIL: JA 71MA, REPORT when ready.

REQUEST　次の情報を要求します又は次の情報を要求して下さい

Example;

PIL: Miyazaki Ground, JAL 688, at spot 4, REQUEST taxi.

GND: JAL 688, taxi to holding point runway 09.

ROGER　当方はあなたの最後の送信を全部受信しました

Example;

TWR: JA 010C, stand by taxi out.

PIL: JA 010C, ROGER. Stand by taxi out.

SAY AGAIN　もう一度送って下さい

Example;

PIL: Obihiro Tower, JA 010C, over Nukanai, 2,000 feet, request landing instruction.

TWR: JA 010C, SAY AGAIN your position.

PIL: JA 010C, over Nukanai, 2,000.

SPEAK SLOWER　もっとゆっくり送信して下さい

STAND BY　当方が呼ぶまで送信を待って下さい

Example;

PIL: Obihiro Tower, JA 010C, on right base.

TWR: JA 010C, STAND BY, break break, JA 011C, runway 35 cleared touch and go, JA 010C, continue approach. You are No.2.

VERIFY　（高度を）確認して下さい

Example;

ACC: JA 5810, VERIFY assigned altitude 12,000 feet.

PIL: JA 5810, affirm.

WILCO　あなたの通報は了解しました．これに従います

Example;

TWR: JA 010C, expedite vacating runway.

PIL: JA 010C, WILCO.

WORDS TWICE　通信困難です．各語又は語群を 2 回ずつ送信して下さい

通信困難ですから，通報中の各語又は語群を 2 回ずつ送信します

PART.2.

飛行前の知識

UNIT.1. ATIS & METAR

- 飛行場情報放送業務 -

ATIS

ATIS（Automatic Terminal Information Service）とは，航空機の離着陸が多い飛行場において行われる飛行場情報放送業務である．飛行場への進入方式，使用滑走路，気象情報，飛行場の状態，航空保安施設の状況等を放送している．通常，以下の内容から構成されている．

- ・空港の名称を含む局の識別
- ・情報の識別
- ・観測時刻
- ・進入方式
- ・使用する滑走路
- ・滑走路の状態及びブレーキングアクション
- ・管制機関から管制上特に必要があるとして通知された事項
- ・その他重要な運航に関する情報
- ・気象に関する情報
- ・受信証の要求

ATISは，通常，毎時又は毎30分（顕著な変更があった場合は随時更新）に更新され，コードはアルファベット順に変更（例；「～ airport, information C, 0000, ～」→「～ airport, information D, 0100, ～」）される．

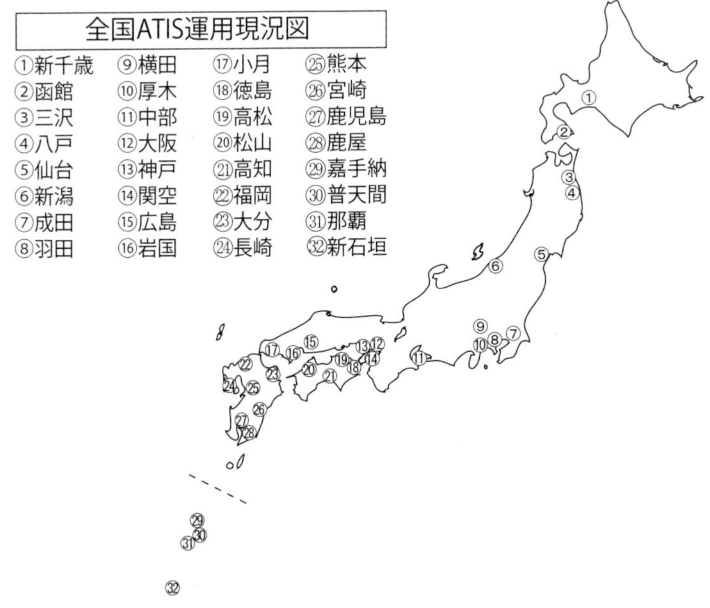

ATIS 関連用語

few 雲量 1/8 ～ 2/8	scattered 雲量 3/8 ～ 4/8
broken 雲量 5/8 ～ 7/8	overcast 雲量 8/8
cirrus 巻雲	cirrostratus 巻層雲
cirrocumulus 巻積雲	altostratus 高層雲
altocumulus 高積雲	stratus 層雲
stratocumulus 層積雲	nimbostratus 乱層雲
cumulus 積雲	cumulonimbus 積乱雲
gusting 突風	remarks ～に気をつけなさい
RVR (= runway visual range) 滑走路視距離	dew point 露点
CAVOK ceiling and visibility OK の略	ceiling 雲高

ATIS の例

Tokyo International airport, information H, 0000, ILS X runway 34L approach and highway visual runway 34R approach, landing runway 34L and 34R, departure runway 05 and 34R, departure frequency 126.0, simultaneous approaches to runway 34L and R in progress, wind 360 degrees 4 knots, direction variable between 300 and 040 degrees, visibility 20 km, FEW 2,000 feet cumulus, temperature 24, dew point 19, QNH 3019 inches, advise you have information H.

Braking Action

パイロットによるブレーキングアクションの通報，及び滑走路状態コード（RWYCC：Runway Condition Code）との関係は，以下の通りである．

パイロットが通報する Braking Action	RWYCC
	6
good	5
good to medium	4
medium	3
medium to poor	2
poor	1
less than poor	0

METAR

METARとは，定時飛行場実況気象通報式のことであり，通常，パイロットが飛行前に気象情報を入手するため，気象に関する情報を通報するためのフォーマットである．その構成内容は，以下の通りである．

- 通報の種類
- 地点略号
- 観測日時
- 風向風速
- 卓越視程
- 滑走路視距離
- 現在天気
- 雲
- 気温・露点温度
- QNH
- 低層ウインドシアー
- 国内記事

METARの例

RJTT 260130Z 08007KT 9999 FEW030 SCT/// 26/17 Q1014 RMK 1CU030 A2995

RJTT	地点略号	羽田空港
260130Z	観測日時	26日0130 UTCに観測されたもの
08007KT	風向風速	wind 080 at 7
9999	卓越視程	10キロメートル以上
FEW030	雲量	few 3,000 feet
SCT///	雲量	scattered 不明又は観測できない
26/17	気温・露点温度	気温摂氏26度露点摂氏17度
Q1014	高度計規制値	QNH1014 hectopascal(s)
RMK	特記記事（remarkの略）	
1CU030	雲量1/8の積雲が3,000フィートの高さにある	
A2995	水銀柱の0.01インチ単位によるQNH	

UNIT.2. Runway & ATC

- 滑走路と航空管制 -

滑走路の使用法

滑走路は，真北を 0 度とした 360 方位を使用して名称がつけられ，上二桁の数字を持って表す．同じ方向を向いた滑走路が平行している場合は，左側を L（Left），右側を R（Right），3 本ある場合には真ん中を C（Center）として表す．なお，滑走路は原則として風上に向かって使用する．

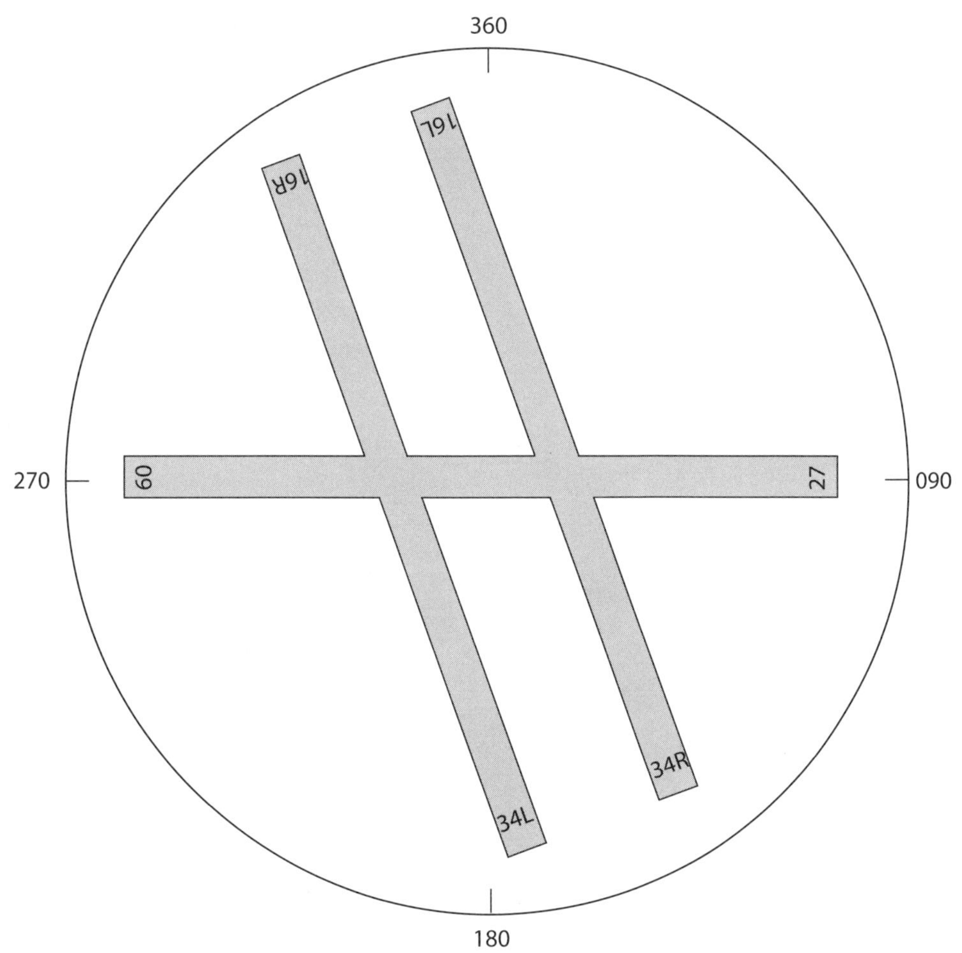

管制業務

管制業務（Air Traffic Control Service）は，飛行情報業務（Flight Information Service），警急業務（Alerting Service）と並び，航空交通業務（Air Traffic Service）の中の一つである．管制業務は大まかに以下に分類される．

1．航空路管制業務
IFR により飛行する航空機及び特別管制空域を飛行する航空機に対する管制業務であって，以下の２．～５．以外の業務．

2．飛行場管制業務
管制業務が実施されている飛行場において離着陸する航空機，当該飛行場周辺の航空機，及び滑走路以外の走行地域を航行する航空機に対する管制業務．

3．進入管制業務
主として進入管制区を IFR で飛行する航空機に対して，進入，出発の順序，経路，方式の指定及び上昇降下の指示又は進入のための待機の指示等を行う業務．

4．ターミナル・レーダー管制業務
上記３．の航空機に対して，レーダーを使用して行う業務．

5．着陸誘導管制業務
着陸する航空機に対し，精測進入レーダー（PAR）又は空港監視レーダー（ASR）等を用いてコースと高さを指示して誘導を行う業務．

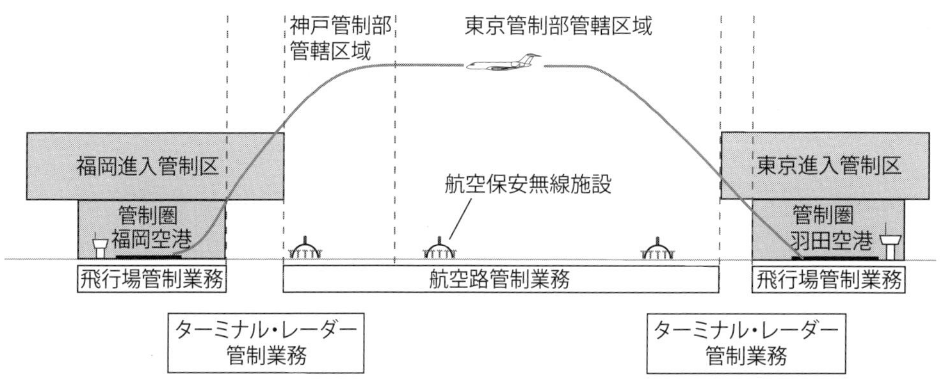

航空交通管理管制業務

航空交通管理管制業務（Air Traffic Management Service）とは，航空路あるいは IFR による飛行が行われている空域において，空域が持つ処理能力と交通量のバランスを適正に保つことにより，航空機の安全確保と運航効率の向上を促進するための業務である．大まかに「空域管理」（ASM），「航空交通流管理」（ATFM），洋上管理（Oceanic ATM）がある．

管制機関

管制業務等を行う機関には，以下のようなものがある．

1．航空交通管理センター
航空交通管理管制業務を行う．また，洋上管制を一元的に提供する管制機関でもあり，福岡にあるATMC（Air Traffic Management Center）で行われている．

2．管制区管制所
航空路管制業務・進入管制業務（広域レーダーを用いた進入管制業務等もある）を行う．札幌，東京，神戸，福岡にある航空交通管制部（ACC）及びATMCにおいて行われている．コールサインは各管制部の名称に「コントロール」をつける．

3．ターミナル管制所
進入管制区におけるターミナル・レーダー管制業務を行う．コールサインは，
出発機を担当する場合で，
・出域管制席として周波数が割り当てられている場合→「デパーチャー」
・出域管制席として周波数が割り当てられていない場合→「アプローチ」
到着機を担当する場合は，
「アプローチ」「レーダー」「アライバル」
が使用される．なお，TCAアドバイザリー業務を担当する場合は「TCA」となる．

4．飛行場管制所
飛行場管制業務を行う．交通量の多い空港では，以下のように分担される．
・離着陸する航空機及び飛行場周辺又は管制圏を飛行する航空機に対する管制業務→「タワー」
・滑走路以外の走行地域を航行する航空機に対する管制業務→「グランド」
・管制承認の中継→「デリバリー」

5．着陸誘導管制所
着陸誘導管制業務を行っている．コールサインは「GCA」である．

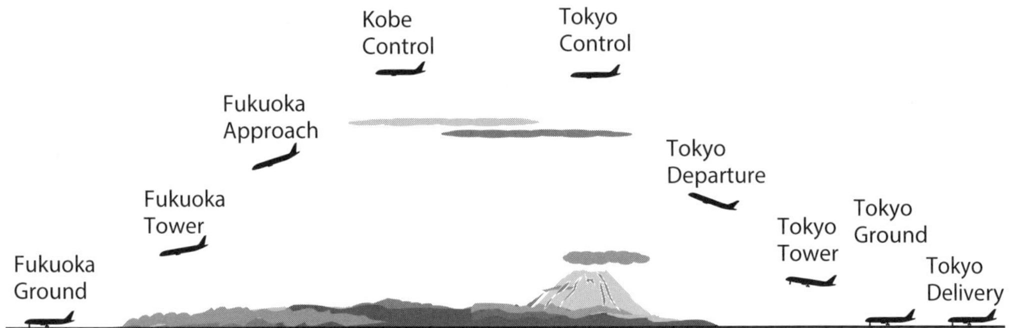

FSC・対空センター

管制機関とは異なり，航空管制運航情報官（以下，運情官）によって実施され，航空機に対して情報の提供等の業務を行う機関である（航空局の設置した機関であるが，いわゆる管制機関ではない）．

なお，新千歳・仙台・東京・中部・大阪・福岡・鹿児島・那覇にあったFSC（Flight Service Center：飛行援助センター）は対空センター（AFIS and AEIS Center）への集約・再編が現在進められており，令和3年10月現在，新千歳・仙台FSCは新千歳対空センター（東京に関しては令和4年10月に集約予定）に，中部・大阪FSCは大阪対空センターに集約再編され，今後は福岡対空センターが構築される予定である（福岡・鹿児島・那覇FSCに関する集約は検討中）．

1．飛行場対空援助業務（AFIS：Aerodrome Flight Information Service）
飛行場管制所が設置されていない空港及びその周辺を航行する航空機の航行を援助するため，航空機の航行に必要な情報の提供や航空機と管制業務を行う機関との間の管制上必要な通報の伝達等を行う．FSC又は対空センターにいる運情官が遠隔で，もしくは空港の管制塔内に配置された運情官が行っている．コールサインは「レディオ」である．

2．広域対空援助業務（AEIS：Aeronautical En-route Information Service）
飛行中の航空機（飛行場において発着しようとする航空機を除く）の航行を援助するため，対空送受信により航空機の航行に必要な情報の提供や航空機からの報告（PIREP）の受理及び提供等を行う．FSC又は対空センターにいる運情官が遠隔で行っている．コールサインは「インフォメーション」である．

国際対空通信局

福岡FIR内の洋上を飛行する航空機に対して，航空機の航行に必要な情報の提供や管制通報の伝達等の国際対空通信業務をHF及びVHFを使用した音声通信により行っている機関である．成田空港内で航空管制通信官によって行われている．コールサインは「Tokyo」である．

飛行援助用航空局

タワー，レディオ，リモートのいずれも設置されていない飛行場，ヘリポート，場外離着陸場に開設されているのが飛行援助用航空局である．

国土交通省が設置した機関ではない（航空交通管制用ではない）ので，使用する用語や交信要領は特に定められていないが，気象情報や滑走路の情報を入手することができる．コールサインは「フライトサービス」で，調布飛行場，天草飛行場等にある．なお，「アドバイザリー」（ホンダエアポート）もある．

空域

世界の空域は，ほぼ全域が飛行情報区（FIR：Flight Information Region）に指定され，日本の担当空域は福岡 FIR である．また，空域は管制空域と非管制空域に分けられ，以下のように分類されている．

管制空域（controlled airspace）

- 航空交通管制区（control area）
  - 地表又は水面から 200 メートル以上の高さの一定の空域
    - 29,000 feet 以上　国際標準クラス A
    - それ以外　国際標準クラス E
    - 計器飛行方式により飛行する航空機は管制官と常時連絡を取り，飛行の方法等についての指示に従って飛行を行わなければならない
  - TCA（terminal control area）
    - VFR 機が輻輳する空域
    - 国際標準クラス E
  - 進入管制区（approach control area）
    - 管制区のうち管制圏内の飛行場からの離陸に続く上昇飛行，着陸のための降下飛行が行われる一定の空域
    - 国際標準クラス E
  - 特別管制区（positive control area）
    - 航空交通が輻輳する空域で，許可された場合以外は VFR による飛行は禁止される
    - 国際標準クラス C（那覇特別管制区は B）
  - 航空交通情報圏の一部
    - 情報圏の一部（地表又は水面から 200 メートル以上）
- 航空交通管制圏（control zone）
  - 航空機の離陸及び着陸が頻繁に実施される飛行場及びその一定の空域
    - 国際標準クラス D
    - 航空機のすべてが管制官と連絡を取り，飛行の方法や離着陸の順序等の指示に従って飛行を行わなければならない
- 航空交通情報圏（information zone）
  - 上記の飛行場以外の国土交通大臣が指定する飛行場及びその一定の空域
    - 国際標準クラス E
    - 当該空域における他の航空機の航行に関する情報を入手するため，国土交通省令で定めるところにより国土交通大臣に連絡した上，航行を行わなければならない
- 洋上管制区（oceanic control area）
  - 福岡 FIR の洋上区域
    - 20,000 feet 以上　国際標準クラス A
    - 20,000 feet 未満　国際標準クラス E

非管制空域（uncontrolled airspace）

- 上記以外の空域

日本周辺の FIR

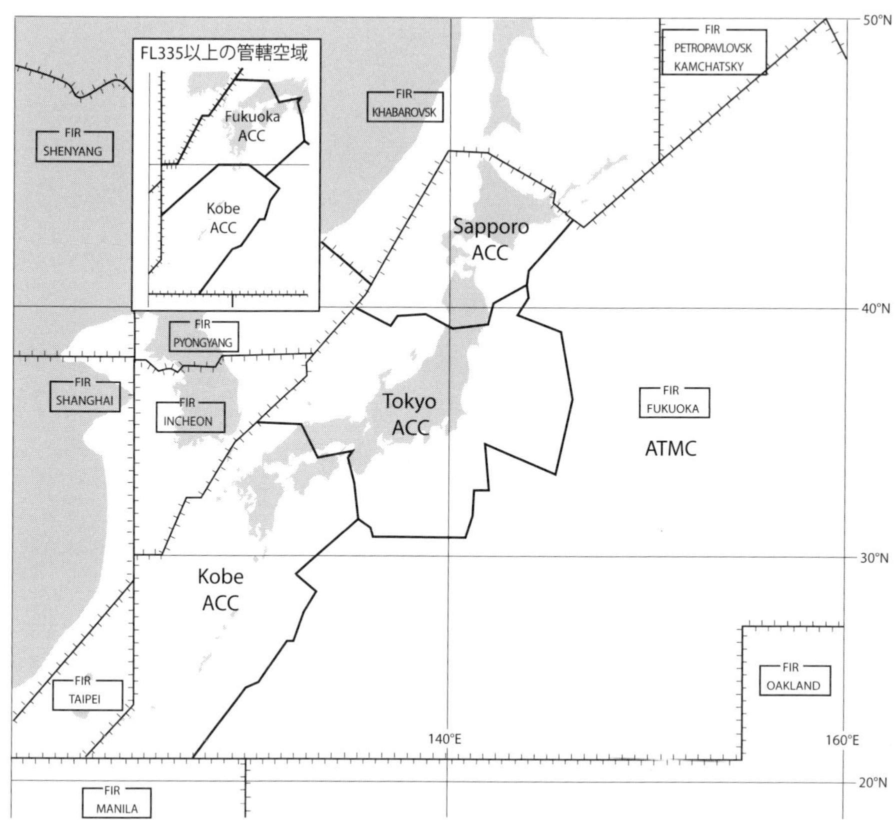

管制空域と非管制空域

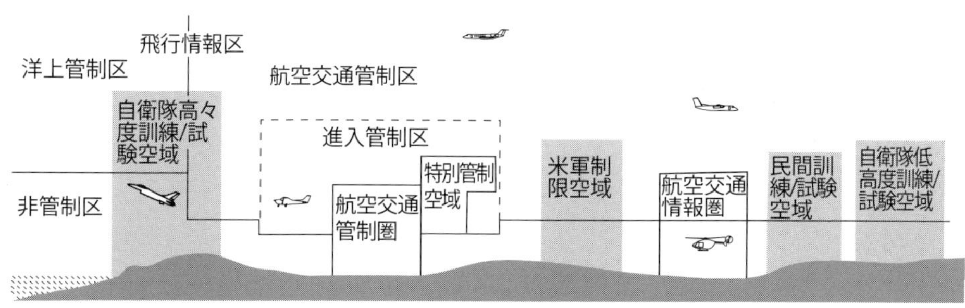

PART.3.

飛行場及び場周経路における運航

UNIT.1. Departure Information & Taxi Instructions

- 出発時の情報と地上走行 -

Words & Phrases

taxi via runway ~
　滑走路～を地上走行して下さい

cross runway ~
　滑走路～の横断を許可します

continue taxiing
　地上走行を続けて下さい

backtrack runway ~ (*1)
　滑走路～をバックトラックして下さい

cross runway ~ at ~
　～からの滑走路～の横断を許可します

hold for ~
　～のために待機して下さい

＊ (*1) バックトラックとは，使用方向と逆方向に滑走路上を走行することである．

Introduction

パイロットは離陸のため使用滑走路へ向かう時は，離陸のために必要な情報（使用滑走路・風向風速・QNII 等）と地上走行のための指示を管制機関等から得なければならない．なお，ATIS が設置されている空港においては，あらかじめ ATIS を受信して情報を得ておき（よって，管制機関等からの風向風速や QNH 値等の情報は省略される），地上走行の要求とともにインフォメーションコードを伝える．地上走行を要求した後（通常，自機の位置の通報と一緒に要求）は，地上走行に関する指示のリードバックを行い，地上走行を開始する．

地上走行は，特に指示された場合以外は任意の経路を走行することができるが，滑走路への進入を許可するものではなく，滑走路手前の停止位置標識までのクリアランスであることに注意しなければならない．

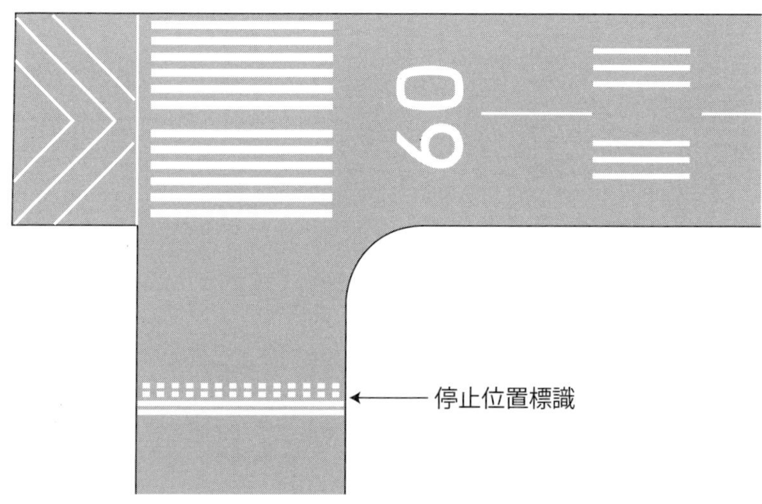

Typical Exchanges

＊地上走行を開始する前に

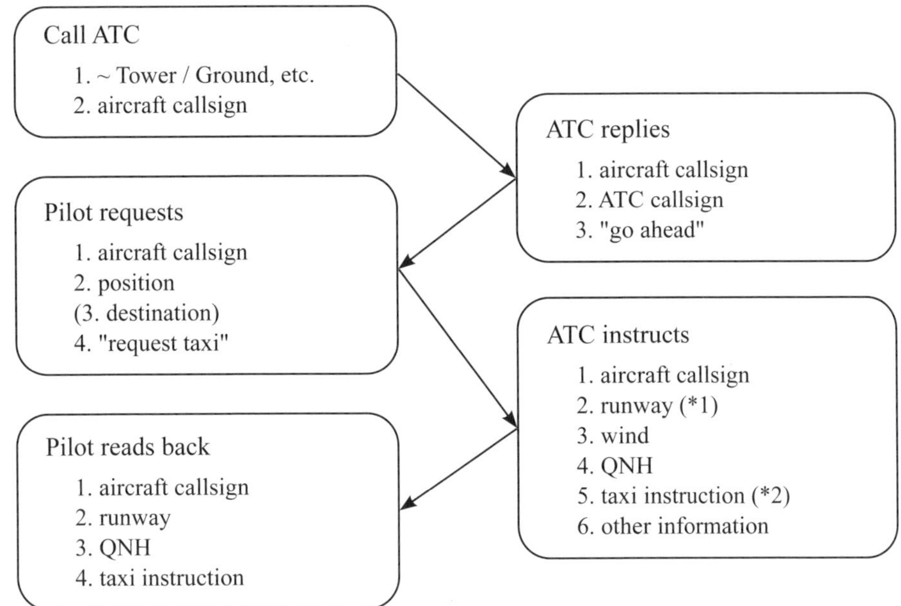

地上走行開始時に発出される情報と指示のうち，冒頭に提供されている使用滑走路（*1）は「情報」であって，タクシーの限界点を示しているわけではなく，風や QNH 等に続く地上走行（taxi instruction）の指示（*2）に滑走路番号が含まれる場合は省略される．

Phraseology Example 1

タッチアンドゴー訓練を行う場合，以下のようになる．（帯広空港）

PIL:　Obihiro Tower, JA 010C.

TWR:　JA 010C, Obihiro Tower, go ahead.

PIL:　JA 010C, at CAC apron, request taxi instruction for touch and go.

TWR:　JA 010C, taxi to holding point runway 35, wind 330 at 11, QNH 3014.

PIL:　JA 010C, taxi to holding point runway 35, QNH 3014.

PIL:　帯広タワー，JA 010C です．
TWR: JA 010C，帯広タワーです，どうぞ．
PIL:　JA 010C，現在 CAC エプロン，タッチアンドゴーを行うため地上走行を要求します．
TWR: JA 010C，滑走路 35 の滑走路停止位置まで地上走行して下さい，風向 330 度 11 ノット，QNH 3014．
PIL:　JA 010C，滑走路 35 の滑走路停止位置まで地上走行します，QNH 3014．

CAC とは Civil Aviation College（航空大学校）のことであり，CAC apron とは航空大学校専用のエプロンのことである．

Phraseology Example 2

ATISが運用されている空港では，受信したATISのコードを，最初の通信設定時（又は要求事項と一緒）に通報する．また，出発準備が整ったら離陸準備完了を通報するよう指示される場合もある．（宮崎空港）

PIL: Miyazaki Ground, JA 71MA, information B.

GND: JA 71MA, Miyazaki Ground, go ahead.

PIL: JA 71MA, at CAC apron, request taxi, touch and go.

GND: JA 71MA, taxi to holding point N-4 runway 27.

PIL: JA 71MA, taxi to holding point N-4 runway 27.

GND: JA 71MA, contact Tower 118.3 when ready.

PIL: JA 71MA, contact Tower 118.3 when ready.

PIL: 宮崎グランド，JA 71MAです，インフォメーションB.
GND: JA 71MA，宮崎グランドです，どうぞ.
PIL: JA 71MA，現在CACエプロン，タッチアンドゴーを行うため地上走行を要求します.
GND: JA 71MA，滑走路27のN-4の滑走路停止位置まで地上走行して下さい.
PIL: JA 71MA，滑走路27のN-4の滑走路停止位置まで地上走行します.

GND: JA 71MA，準備ができた時，118.3でタワーと交信して下さい.
PIL: JA 71MA，準備ができた時，118.3でタワーと交信します.

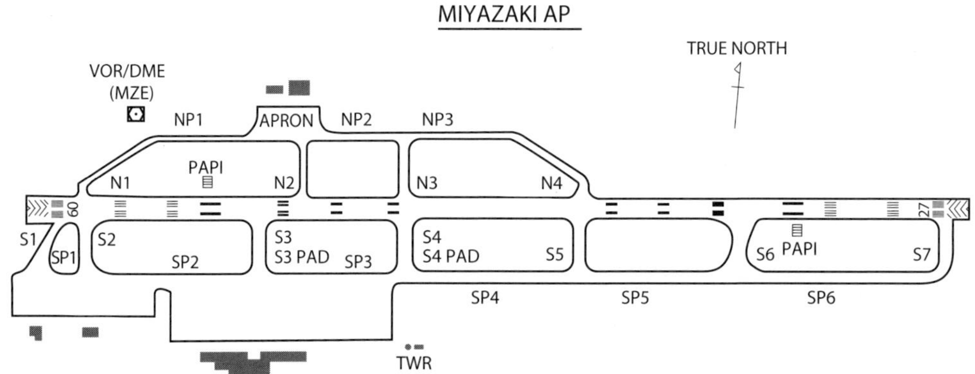

Phraseology Example 3

情報圏が設定されている空港の場合，以下のようになる．（佐賀空港）

PIL: **Saga Radio, JA 76MF.**

AFIS: **JA 76MF, Saga Radio, go ahead.**

PIL: **JA 76MF, at east apron, VFR to Kumamoto, request taxi information, southbound.**

AFIS: **JA 76MF, using runway 29, wind 240 degrees at 4 knots, temperature 4, QNH 3041 inches, traffic not reported, taxi down runway 29.**

PIL: **QNH 3041, taxi down runway 29, JA 76MF.**

PIL: 佐賀レディオ，JA 76MF です．

AFIS: JA 76MF，佐賀レディオです，どうぞ．

PIL: JA 76MF，現在イーストエプロン，VFR により熊本空港へ向かいます，出発のための情報を要求します，飛行方向は南です．

AFIS: JA 76MF，使用滑走路 29，風向 240 度 4 ノット，気温 4 度，QNH 3041，周辺にトラフィックはありません，滑走路 29 を地上走行して下さい．

PIL: QNH 3041，滑走路 29 を地上走行します，JA 76MF.

飛行場対空援助業務が行われている空港では，情報を提供するのみなので，飛行場管制が行われている空港と若干使用される用語が異なる．例えば，「using runway」とは，風の条件等から最も妥当な滑走路を推奨する用語である．

なお，「taxi down」とは運情官が行う飛行場対空援助業務において，「滑走路～へ進入して下さい」という意味で慣例的に使用されている用語である．（紋別空港）

PIL: **Monbetsu Radio, JA 012C.**

AFIS: **JA 012C, Monbetsu Radio, go ahead.**

PIL: **JA 012C, on Monbetsu Ground, VFR to Obihiro, request departure information.**

AFIS: **JA 012C, wind 240 at 2, QNH 2998, no traffic reported around Monbetsu airport, which runway do you use?**

PIL: **JA 012C, QNH 2998, request runway 14.**

AFIS: **JA 012C, roger, taxi down runway 14, report when ready.**

PIL: **JA 012C, taxi down runway 14, report when ready.**

PIL: 紋別レディオ，JA 012C です．

AFIS: JA 012C，紋別レディオです，どうぞ．

PIL: JA 012C，現在紋別空港，VFR により帯広空港へ向かいます，出発のための情報を要求します．

AFIS: JA 012C，風向 240 度 2 ノット，QNH 2998，紋別空港周辺にトラフィックはありません，どちらの滑走路を使用しますか．

PIL: JA 012C，QNH 2998，滑走路 14 を使用します．

AFIS: JA 012C，了解，滑走路 14 を地上走行して下さい，準備ができた時，通報して下さい．

PIL: JA 012C，滑走路 14 を地上走行します，準備ができた時，通報します．

Phraseology Example 4

タワーとグランドがある空港では，タワーにコンタクトするように指示されるので，速やかにタワーにコンタクトする．タワーの持ち受け区域に近づいた場合でも指示がなく勝手に周波数の変更は行わない．

また，使用滑走路へ向かう途中に他の滑走路の横断を必要とする場合は，航空機が当該滑走路に近づいた時に，「cross runway」か「hold short of runway」が指示される．勝手に滑走路を横断してはならない．また，この場合，「cross runway」及び「hold short of runway」の指示に対してパイロットは必ずリードバックしなければならない．もし指示がない場合は，確認するべきである．（仙台空港）

PIL: Sendai Ground, JA 5810, information E.

GND: JA 5810, Sendai Ground, go ahead.

PIL: JA 5810, at CAC apron, request taxi to R and TCA.

GND: JA 5810, roger, squawk 6417, runway 27, taxi to R.

PIL: JA 5810, runway 27, taxi to R, squawk 6417.

PIL: Sendai Ground, JA 5810, at R area, request taxi to B-5 for intersection departure.

GND: JA 5810, B-5 intersection approved, taxi to holding point B-5 via D-1, cross runway 12.

PIL: JA 5810, B-5 intersection approved, taxi to holding point B-5 via D-1, cross runway 12.

GND: JA 5810, contact Tower 118.7.

PIL: JA 5810, contact Tower 118.7.

PIL: 仙台グランド，JA 5810 です，インフォメーション E.

GND: JA 5810，仙台グランドです，どうぞ.

PIL: JA 5810，現在 CAC エプロン，R への地上走行と TCA アドバイザリーを要求します.

GND: JA 5810，了解，6417 を送って下さい，滑走路は 27 です，R エリアへ地上走行して下さい.

PIL: JA 5810，滑走路は 27，R エリアへ地上走行します，6417 を送ります.

PIL: 仙台グランド，JA 5810，現在 R エリア，B-5 からのインターセクション・デパーチャーを要求します.

GND: JA 5810，B-5 からのインターセクション・デパーチャーを許可します，D-1 を経由し B-5 の滑走路停止位置まで地上走行して下さい，滑走路 12 の横断を許可します.

PIL: JA 5810，B-5 からのインターセクション・デパーチャーを許可，D-1 を経由し B-5 の滑走路停止位置まで地上走行します，滑走路 12 の横断を許可.

GND: JA 5810，118.7 でタワーと交信して下さい.

PIL: JA 5810，118.7 でタワーと交信します.

R area とは，航空大学校にある run-up area のことである.

パイロットからインターセクション・デパーチャー（滑走路末端以外のインターセクションから離陸滑走を開始する離陸の方法）を要求する場合は上記のようになる．「intersection approved」の用語によって滑走路内に進入してはならず，直ちに，滑走路へ進入させられないと管制機関等が判断した時は，使用するインターセクションに係わる滑走路停止位置までの走行が指示される．

また，インターセクション・デパーチャーを管制機関から示唆されることもある．

GND: JA 5810, taxi to holding point B-6 via D-1, cross runway 12.

PIL: JA 5810, taxi to holding point B-6 via D-1, cross runway 12.

GND: JA 5810, do you accept B-5 intersection departure.

PIL: JA 5810, we accept B-5.

GND: JA 5810, taxi to holding point B-5.

GND: JA 5810，D-1 を経由し B-6 の滑走路停止位置まで地上走行して下さい，滑走路 12 の横断を許可します．

PIL: JA 5810，D-1 を経由し B-6 の滑走路停止位置まで地上走行します，滑走路 12 の横断を許可．

GND: JA 5810，B-5 からのインターセクション・デパーチャーを行いますか．

PIL: JA 5810，B-5 からのインターセクション・デパーチャーを行います．

GND: JA 5810，B-5 の滑走路停止位置まで地上走行して下さい．

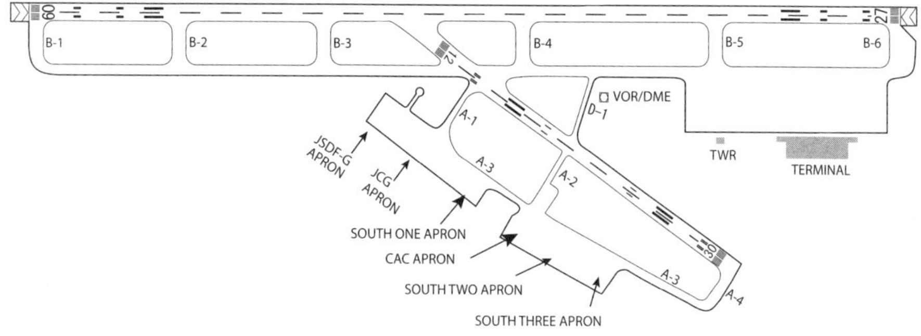

「contact Tower」の代わりに「monitor Tower」と指示された場合は，通信設定は行わずに当該周波数をモニターして管制機関からの呼び出しを待つようにする．

Phraseology Example 5

模擬計器出発を行う場合は，以下のようになる．（宮崎空港）

PIL: Miyazaki Ground, JA 77MG, information B.

GND: JA 77MG, Miyazaki Ground, go ahead.

PIL: JA 77MG, at CAC apron, request taxi and simulated Miyazaki Reversal One Departure to Miyazaki VOR, proposing 7,000.

GND: JA 77MG, taxi to holding point runway 27, stand by clearance.

PIL: Taxi to holding point runway 27, stand by clearance, JA 77MG.

GND: JA 77MG, clearance.

PIL: JA 77MG, go ahead.

GND: JA 77MG cleared to Miyazaki VOR via simulated Miyazaki Reversal One Departure, maintain VMC, climb and maintain 7,000, squawk 1570.

PIL: JA 77MG cleared to Miyazaki VOR via simulated Miyazaki Reversal One Departure, maintain VMC, climb and maintain 7,000, squawk 1570.

GND: JA 77MG, read back is correct, contact Tower 118.3 when ready.

PIL: Contact Tower 118.3 when ready, JA 77MG.

PIL: 宮崎グランド，JA 77MG です，インフォメーション B.

GND: JA 77MG，宮崎グランドです，どうぞ.

PIL: JA 77MG，現在 CAC エプロン，地上走行と宮崎 VOR まで Miyazaki Reversal One Departure の模擬計器出発を要求します，高度は 7,000 です.

GND: JA 77MG，滑走路 27 の滑走路停止位置まで地上走行して下さい，クリアランスはお待ち下さい.

PIL: 滑走路 27 の滑走路停止位置まで地上走行します，クリアランスを待ちます，JA 77MG.

GND: JA 77MG，クリアランスです.

PIL: JA 77MG，どうぞ.

GND: JA 77MG，宮崎 VOR まで Miyazaki Reversal One Departure の模擬計器出発を許可します，VMC を維持して下さい，7,000 フィートまで上昇して下さい，1570 を送って下さい.

PIL: JA 77MG，宮崎 VOR まで Miyazaki Reversal One Departure の模擬計器出発を許可，VMC を維持します，7,000 フィートまで上昇，1570 を送ります.

GND: JA 77MG，リードバックは正しいです，準備ができた時，118.3 でタワーと交信して下さい.

PIL: 準備ができた時，118.3 でタワーと交信します，JA 77MG.

模擬計器出発を行う航空機は，管制機関等に対して，SID の種類，模擬計器出発の終了地点，高度等を通報し，離陸までにクリアランスを得ておかなければならない.

模擬計器出発においては，航空機は，SID 上の任意のフィックスを終了地点と定めることができ，飛行中は VMC を維持しなければならない.

なお，模擬計器出発に関して，

1．管制圏が設定されており，ターミナル管制所により進入管制業務又はターミナル・レーダー管制業務が行われている空港では，

「cleared to ～ via simulated ～ departure, maintain VMC」

2．管制圏が設定されており，管制区管制所により進入管制業務が行われている空港では，

「simulated ～ approved, maintain VMC」

3．上記以外（= 情報圏）で，飛行場対空援助業務が行われている空港では，

「roger, simulated ～ departure, maintain VMC all the time, traffic ～ , QNH ～」

の用語が使用される．

なお，上記2．のように管制圏及び管制区管制所が設定されている空港の場合，以下のようになる．（帯広空港：和訳省略）

PIL: **JA 24HL, on right base, after touch and go, request simulated Kushiro Four Departure, 5,500, to Kushiro VOR.**

TWR: **JA 24HL, stand by, runway 17 cleared touch and go, wind 140 at 6.**

PIL: **Runway 17 cleared touch and go, JA 24HL.**

TWR: **JA 24HL, simulated Kushiro Four Departure approved, maintain VMC, report leaving control zone.**

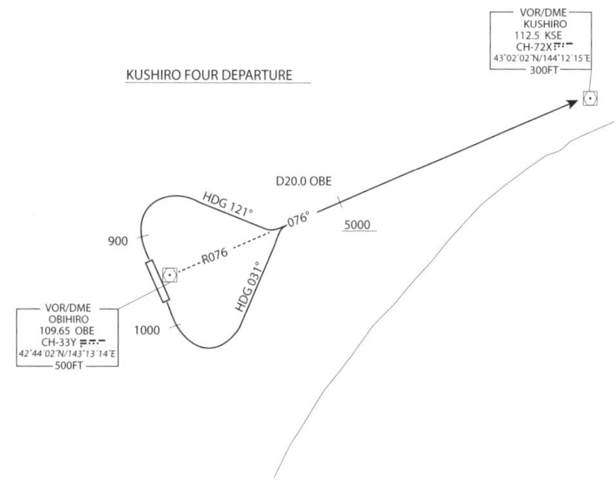

Phraseology Example 6

VFR機に関しては，空港がIMCの場合，Special VFR（又はIFR）の要求がなければ離陸の許可は発出されない．Special VFRを行うには，地上視程が1,500メートル以上なければならない．(P.72参照)

Special VFRにより離陸し管制圏外へ出る場合は，以下のようになる．(宮崎空港)

PIL: Miyazaki Ground, JA 78MH, information B.

GND: JA 78MH, Miyazaki Ground, go ahead.

PIL: JA 78MH, at CAC apron, VFR to Kagoshima, request taxi and TCA.

GND: JA 78MH, field IMC, visibility 4,500 meters, cloud BKN 800 feet, request intentions.

PIL: JA 78MH, request special VFR departure, westbound.

GND: JA 78MH, stand by clearance.

PIL: JA 78MH, stand by clearance.

GND: JA 78MH, clearance.

PIL: JA 78MH, go ahead.

GND: JA 78MH cleared to leave control zone 5 miles west of Miyazaki airport, maintain special VFR conditions while in control zone.

PIL: 宮崎グランド，JA 78MHです，インフォメーションB.

GND: JA 78MH，宮崎グランドです，どうぞ.

PIL: JA 78MH，現在CACエプロン，VFRにより鹿児島空港へ向かいます，地上走行とTCAアドバイザリーを要求します.

GND: JA 78MH，IMCです，視程4,500メートル，雲量BKN 800フィート，インテンションを言って下さい.

PIL: JA 78MH，西方向への特別有視界飛行方式による出発を要求します.

GND: JA 78MH，クリアランスはお待ち下さい.

PIL: JA 78MH，クリアランスを待ちます.

GND: JA 78MH，クリアランスです.

PIL: JA 78MH，どうぞ.

GND: JA 78MH，宮崎空港西5マイルまでの特別有視界飛行方式による飛行を許可します，管制圏内では特別有視界飛行基準を維持して下さい.

飛行場の視程のみがVMCを満たさない場合であって，離陸後VMCに到達するまでSpecial VFRによる上昇が許可される場合は，以下のようになる．離陸後，VMCを維持できるようになったら「reaching VMC」と通報すればよい．その後，「maintain VMC」（VMCを維持して下さい）の指示により，VFR機として取扱われる．

GND: JA 78MH, climb to VMC within control zone 5 miles from Miyazaki airport, maintain special VFR conditions until reaching VMC.

GND: JA 78MH，宮崎空港から5マイル内において上昇，VMCに到達するまで特別有視界飛行基準を維持して下さい．

UNIT.2. Line Up & Take-off Clearance

- 離陸許可 -

Words & Phrases

caution wake turbulence 後方乱気流に注意しなさい	hold for wake turbulence 後方乱気流のため待機して下さい
report when ready 準備完了を知らせて下さい	read back hold short instructions (*1) （滑走路手前）待機指示を復唱して下さい
caution wake turbulence from arriving / departing ~ 到着機（出発機）～からの後方乱気流に注意しなさい	

＊ (*1) 具体的な復唱がない場合（roger, wilco のみのリードバック等），又は復唱内容が不明確な場合，パイロットは待機指示を復唱するよう指示される．

Introduction

出発の準備が整ったら，準備が整ったことを通報して，離陸の許可を得なければならない．離陸の許可は，風向風速の値が提供された後，滑走路番号を前置して発出される．

離陸許可は，原則として離陸の滑走路に近づいた時に発出される．タービン機の場合，通常，滑走路末端に近づいた時には「ready」であるとされるが，レシプロ機にあっては，離陸準備完了の通報を受けた後に離陸許可が発出される．

（参考）ヘリコプターに対する飛行場内の滑走路以外の離着陸場における離陸許可

ヘリコプターに対する飛行場内の滑走路以外の離着陸場における離陸許可は（上記とは順番が異なり），離陸後の旋回又は直線出発等の指示及び風向風速の値が前置され，離着陸場の名称を後置して発出される．（P.49 参照）

離陸許可の例

「JA ***, make right turn, wind 090 at 10, cleared for take-off from No.1 Helipad」

「JA ***, unable left turn, make right turn, wind 090 at 10, cleared for take-off from No.1 Helipad」

Typical Exchanges

＊出発の準備が整った後

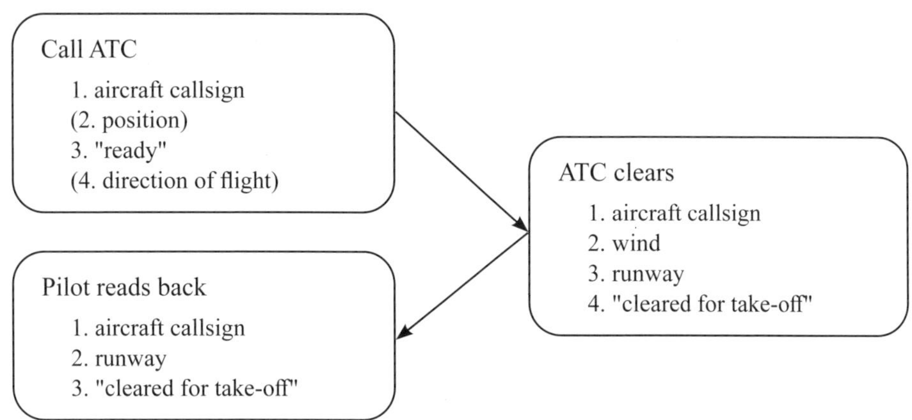

Phraseology Example 1

直ちに離陸許可が発出される場合は，以下のようになる．（帯広空港）

PIL:　Obihiro Tower, JA 010C, T-4, ready.

TWR: JA 010C, wind 330 at 12, runway 35 cleared for take-off.

PIL:　JA 010C, runway 35 cleared for take-off.

PIL:　帯広タワー，JA 010C，現在 T-4，離陸準備完了．
TWR: JA 010C，風向 330 度 12 ノット，滑走路 35，離陸支障ありません．
PIL:　JA 010C，滑走路 35，離陸支障なし．

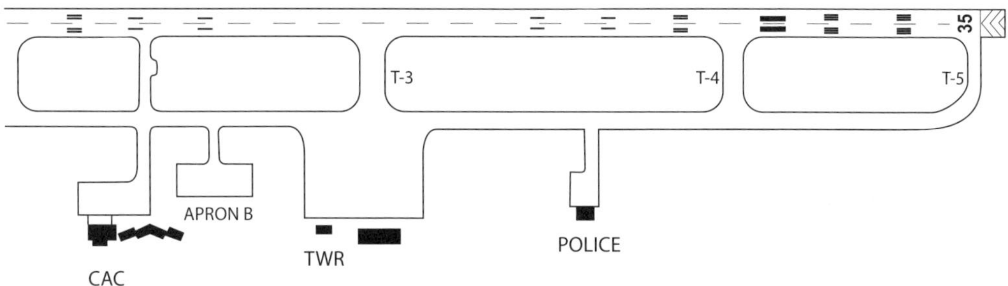

Phraseology Example 2

直ちに離陸許可が出ない場合，滑走路手前での待機及び滑走路へ入って待機するように指示される．（宮崎空港）

PIL: Miyazaki Tower, JA 71MA, at N-4, ready.

TWR: JA 71MA, Miyazaki Tower, hold short of runway 27, number 2 departure.

PIL: JA 71MA, hold short of runway 27.

TWR: JA 71MA, runway 27 at N-4 line up and wait, hold for wake turbulence.

PIL: JA 71MA, runway 27 at N-4 line up and wait.

TWR: JA 71MA, wind 270 at 8, runway 27 cleared for take-off.

PIL: JA 71MA, runway 27 cleared for take-off.

PIL: 宮崎タワー，JA 71MA です，現在 N-4，離陸準備完了．

TWR: JA 71MA，宮崎タワーです，滑走路 27 手前で待機して下さい，2 番目の出発機です．

PIL: JA 71MA，滑走路 27 手前で待機します．

TWR: JA 71MA，N-4 から滑走路 27 に入って待機して下さい，後方乱気流のため待機して下さい．

PIL: JA 71MA，N-4 から滑走路 27 に入って待機します．

TWR: JA 71MA，風向 270 度 8 ノット，滑走路 27，離陸支障ありません．

PIL: JA 71MA，滑走路 27，離陸支障なし．

出発の準備が整っていない場合は準備が整っていない旨（「not ready」）を告げればよい．また，必要に応じて，離陸準備完了の通報「report when ready」を求められることがある．

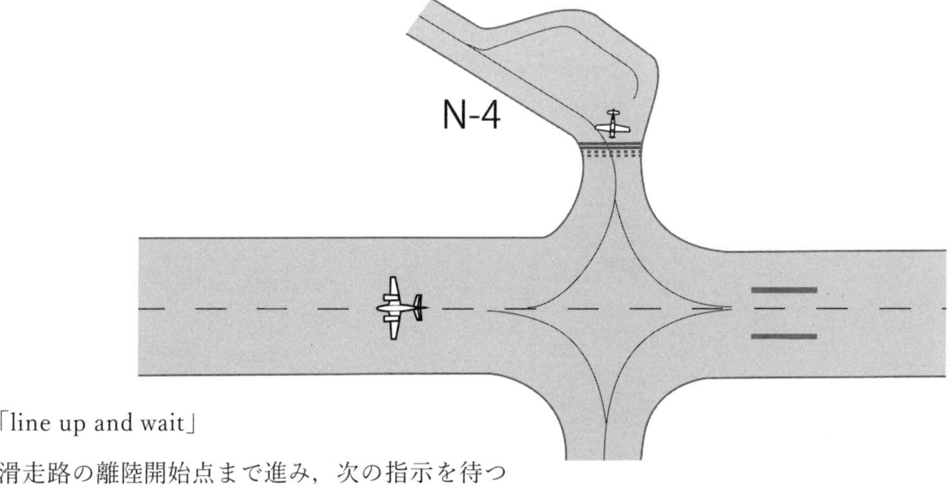

「line up and wait」

滑走路の離陸開始点まで進み，次の指示を待つ

Phraseology Example 3

飛行場対空援助業務が行われている空港では「cleared for take-off」は使用されず,「runway is clear」が使用される. 管制官が使用する「cleared for take-off」を意味するものではない.

管制塔にいる運情官が目視で確認し, 滑走路上に運航の妨げとなるような障害物がないという意味で使用される場合は, 以下のようになる.（佐賀空港）

PIL: **Saga Radio, JA 76MF, runway 29, ready, request left turn departure southbound.**

AFIS: **JA 76MF, wind 230 degrees at 5 knots, runway 29 runway is clear, after airborne, report 5 miles southwest.**

PIL: **Runway 29 runway is clear, report 5 miles southwest, JA 76MF.**

PIL: 佐賀レディオ, JA 76MF, 滑走路 29, 離陸準備完了, レフトターンデパーチャーを行います, 飛行方向は南です.

AFIS: JA 76MF, 風向 230 度 5 ノット, 滑走路 29, 滑走路はクリアーです, 離陸後は空港の南西 5 マイルで通報して下さい.

PIL: 滑走路 29, 滑走路はクリアー, 離陸後, 空港の南西 5 マイルで通報します, JA 76MF.

FSC 又は対空センターの運情官が遠隔により飛行場対空援助業務を行っている空港でも「runway is clear」が使用される.（紋別空港）

PIL: **JA 012C, ready, right turn departure.**

AFIS: **JA 012C, wind 150 at 4, runway 14 runway is clear, report airborne time.**

PIL: **JA 012C, runway 14 runway is clear, report airborne time.**

PIL: JA 012C, 離陸準備完了, ライトターンデパーチャーを行います.

AFIS: JA 012C, 風向 150 度 4 ノット, 滑走路 14, 滑走路はクリアーです, 離陸時刻を通報して下さい.

PIL: JA 012C, 滑走路 14, 滑走路はクリアー, 離陸時刻を通報します.

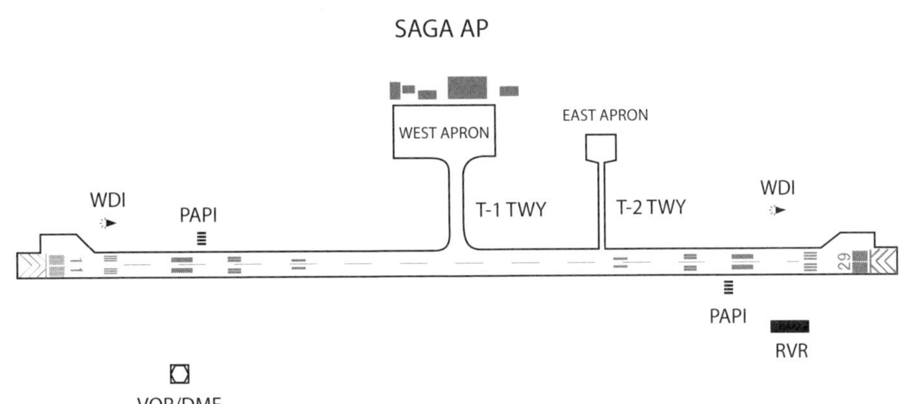

Phraseology Example 4

管制官が離陸許可の取り消しを行う場合は，以下のようになる．その場合は通常，代替指示が発出されて，離陸許可が取り消される．（宮崎空港）

PIL: Miyazaki Tower, JA 71MA, at N-4, ready.

TWR: JA 71MA, Miyazaki Tower, wind 250 at 4, runway 27 at N-4 cleared for take-off.

PIL: JA 71MA, runway 27 at N-4 cleared for take-off.

TWR: JA 71MA, hold short of runway 27, cancel take-off clearance. Another traffic entered the runway.

PIL: JA 71MA, hold short of runway 27, cancel take-off clearance.

PIL: 宮崎タワー，JA 71MA です，現在 N-4，離陸準備完了．

TWR: JA 71MA，宮崎タワーです，風向 250 度 4 ノット，（滑走路 27 の）N-4，離陸支障ありません．

PIL: JA 71MA，（滑走路 27 の）N-4，離陸支障なし．

TWR: JA 71MA，滑走路 27 手前で待機して下さい，離陸許可を取り消します．他の航空機が滑走路に入りました．

PIL: JA 71MA，滑走路 27 手前で待機します，離陸許可取り消し．

管制官は「take-off」の用語を，原則として離陸許可の発出（cleared for take-off）又は離陸許可の取り消し（cancel take-off clearance）以外には使用しない．よって，パイロットもリードバックの場合以外は原則として使用すべきではない．

Phraseology Example 5

離陸滑走を始めた後，管制官が緊急停止を指示することもある．この場合，離陸許可は自動的に取り消しとなる．（宮崎空港）

TWR: JA 71MA, wind 250 at 4, runway 27 cleared for take-off.

PIL: JA 71MA, runway 27 cleared for take-off.

TWR: JA 71MA, stop immediately, JA 71MA, stop immediately.

PIL: JA 71MA, roger.

TWR: JA 71MA，風向 250 度 4 ノット，滑走路 27，離陸支障ありません．

PIL: JA 71MA，滑走路 27，離陸支障なし．

TWR: JA 71MA，緊急停止，JA 71MA，緊急停止．

PIL: JA 71MA，了解．

何らかの理由によってパイロットの側から離陸を中止する場合は，以下のようになる．この場合，離陸を中止した旨，及びその後のインテンションもあわせて通報するのが望ましい．離陸中止の理由については，その後，適宜通報すればよい．

PIL: JA 71MA, runway 27 cleared for take-off.

PIL: JA 71MA, reject take-off for some trouble. Request taxi back to CAC apron.

TWR: JA 71MA, roger, taxi via runway 27, pick up N-2, contact Ground 121.9, cancel take-off clearance.

PIL: JA 71MA，滑走路 27，離陸支障なし．

PIL: JA 71MA，トラブルのため離陸を中止します．CAC エプロンへの地上走行を要求します．

TWR: JA 71MA，了解，滑走路 27 を地上走行して下さい，N-2 で曲がって下さい，121.9 でグランドと交信して下さい，離陸許可を取り消します．

Phraseology Example 6

乱気流が予想される場合は，注意喚起がなされる場合がある．後方乱気流の注意喚起がなされてもそれによって後方乱気流の影響がなくなるわけではないので，パイロットの責任において影響を回避しなければならない．（宮崎空港）

TWR: JA 71MA, caution wake turbulence from departing Boeing 767, wind 270 at 12, runway 27 cleared for take-off.

PIL: JA 71MA, runway 27 cleared for take-off.

TWR: JA 71MA，出発機のボーイング 767 からの後方乱気流に注意しなさい，風向 270 度 12 ノット，滑走路 27，離陸支障ありません．

PIL: JA 71MA，滑走路 27，離陸支障なし．

Phraseology Example 7

Special VFR の許可は，可能な限り，地上走行に関する指示が発出される前に当該機に伝達される．離陸滑走開始点に近づいた出発機（又は滑走路上で待機している出発機）に対して Special VFR（又は管制承認）を伝達する場合は，滑走路への誤進入又は離陸滑走を開始することを防ぐため，待機に関する指示の後に行われる．（宮崎空港）

TWR: JA 78MH, hold short of runway 27, revised clearance, JA 78MH cleared to leave control zone 5 miles west, maintain special VFR conditions while in control zone.

TWR: JA 78MH，滑走路 27 手前で待機して下さい，管制承認を変更します，宮崎空港西 5 マイルまでの特別有視界飛行方式による飛行を許可します，管制圏内では特別有視界飛行基準を維持して下さい．

UNIT.3. Touch & Go Training

- 連続離着陸訓練 -

Words & Phrases

extend downwind ダウンウインドをのばして下さい	make short approach (*1) ショートアプローチして下さい
cleared stop and go (*2) ストップアンドゴー支障ありません	cleared option (*3) オプションアプローチ支障ありません
circle the aerodrome 飛行場周辺を旋回して待機して下さい	

＊ (*1) ショートアプローチとは，場周経路を変更して，ファイナルアプローチの距離を短くすることである．

＊ (*2) スットプアンドゴーとは，航空機が着陸後に滑走路上でいったん停止し，その地点から再び離陸することである．

＊ (*3) オプションアプローチとは，航空機からの要求により，計器進入又はVFRによる進入に引き続き，タッチアンドゴー，ローアプローチ，ストップアンドゴー又は着陸のいずれかを行うものをいう．主に，訓練，審査時に使用され，実施するためには，管制官に対して要求（request option）が必要である．

Introduction

タッチアンドゴーとは，場周経路等を飛行しながら，連続して離着陸を行う訓練のことである．場周経路とは，着陸する航空機の流れを整えるため，滑走路周辺に設定された飛行経路である．なお，場周経路は原則左パターンを飛行するが，騒音対策及び障害物等の理由により制限される場合がある．

VFR機のオプションアプローチに関しては，場周経路のダウンウインドに入るまでに（遅くともファイナルアプローチに入るまで），オプションアプローチの要求とともに，終了後の飛行方法を要求することが望ましい．

ストップアンドゴーを行う場合は，パイロットは滑走路の占有時間が最短となるよう努めなければならない．

Typical Exchanges

＊離陸後，クロスウインドを通過してダウンウインドを旋回する時

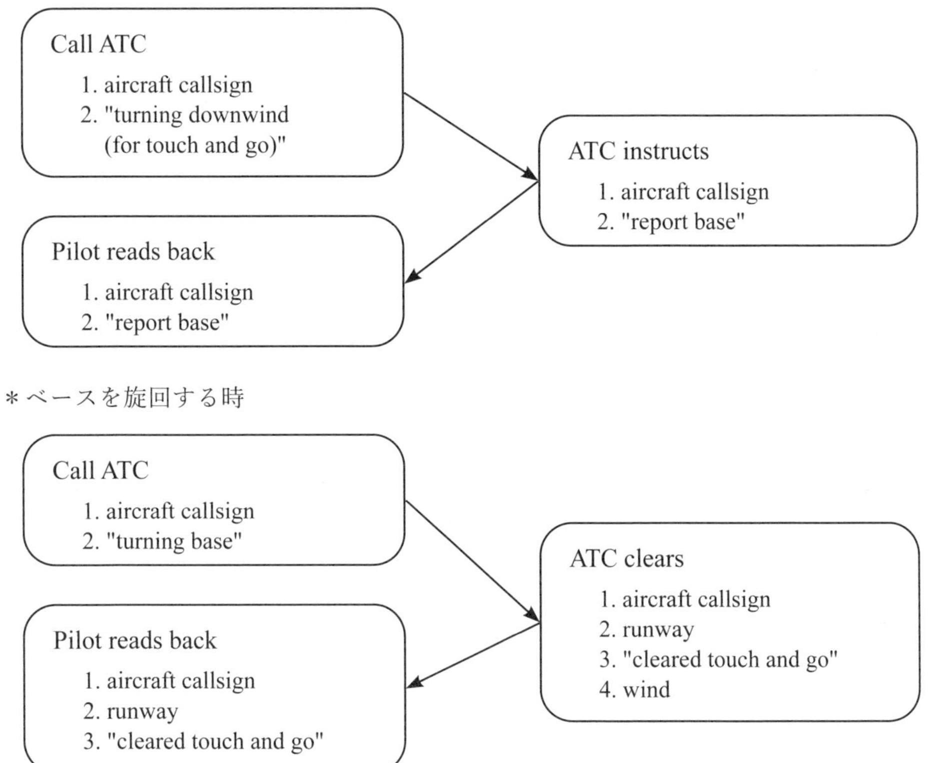

＊ベースを旋回する時

タッチアンドゴー（又はローアプローチ）を行う場合は前もって管制機関等に通報しておくべきである．遅くともファイナルアプローチに入るまでに要求しておく．

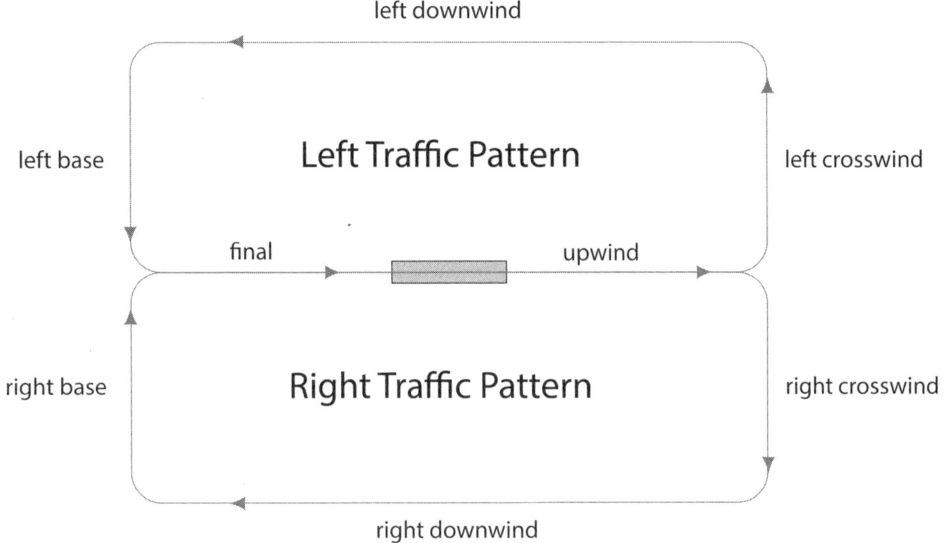

Phraseology Example 1

他のトラフィックがない場合は，次のようになる．タッチアンドゴー（着陸の場合も同様）の許可は，滑走路番号を前置して発出（cleared touch and go，着陸の場合は cleared to land）された後，風向風速の値が提供される．（帯広空港）

PIL: Obihiro Tower, JA 010C, turning downwind for touch and go.
TWR: JA 010C, report base.
PIL: JA 010C, report base.

PIL: Obihiro Tower, JA 010C, turning base.
TWR: JA 010C, runway 35 cleared touch and go, wind 330 at 10.
PIL: JA 010C, runway 35 cleared touch and go.

PIL: Obihiro Tower, JA 010C, turning downwind.
TWR: JA 010C, report base.
PIL: JA 010C, report base.

PIL: Obihiro Tower, JA 010C, turning base.
TWR: JA 010C, runway 35 cleared touch and go, wind 330 at 11.

PIL: 帯広タワー，JA 010C，タッチアンドゴーのためダウンウインド旋回中です．
TWR: JA 010C，ベースで通報して下さい．
PIL: JA 010C，ベースで通報します．

PIL: 帯広タワー，JA 010C，ベースを旋回中です．
TWR: JA 010C，滑走路 35，タッチアンドゴー支障ありません，風向 330 度 10 ノット．
PIL: JA 010C，滑走路 35，タッチアンドゴー支障なし．

PIL: 帯広タワー，JA 010C，（タッチアンドゴーのため）ダウンウインド旋回中です．
TWR: JA 010C，ベースで通報して下さい．
PIL: JA 010C，ベースで通報します．

PIL: 帯広タワー，JA 010C，ベースを旋回中です．
TWR: JA 010C，滑走路 35，タッチアンドゴー支障ありません，風向 330 度 11 ノット．

Phraseology Example 2

他の航空機との関係で間隔を設定するため，以下のような指示があることがある．(宮崎空港)

1:　ダウンウインドをのばす場合

TWR:　JA 71MA, extend downwind, arrival traffic 4 miles on final, report traffic in sight.

PIL:　JA 71MA, extend downwind, report traffic in sight.

PIL:　Miyazaki Tower, JA 71MA, traffic in sight.

TWR:　JA 71MA, follow the traffic, report base.

PIL:　JA 71MA, follow the traffic, report base.

TWR: JA 71MA，ダウンウインドをのばして下さい，到着機が 4 マイルファイナルにいます，トラフィックを視認したら通報して下さい．

PIL:　JA 71MA，ダウンウインドをのばします，トラフィックを視認したら通報します．

PIL:　宮崎タワー，JA 71MA，トラフィック視認しました．

TWR: JA 71MA，当該トラフィックに続いて下さい，ベースで通報して下さい．

PIL:　JA 71MA，当該トラフィックに続きます，ベースで通報します．

2:　ダウンウインド上，又はベース手前で待機する場合

PIL:　Miyazaki Tower, JA 71MA, turning right downwind.

TWR:　JA 71MA, make left 360 on middle downwind, report base.

PIL:　JA 71MA, make left 360 on middle downwind, report base.

TWR:　JA 71MA, revised, make left 270 before base, number 2 sequence.

PIL:　JA 71MA, make left 270 before base.

TWR:　JA 71MA, continue approach, report base.

PIL:　宮崎タワー，JA 71MA，右ダウンウインド旋回中です．

TWR: JA 71MA，ダウンウインド中央で左に 360 度旋回して下さい，ベースで通報して下さい．

PIL:　JA 71MA，ダウンウインド中央で左に 360 度旋回します，ベースで通報します．

TWR: JA 71MA，変更します，ベース手前で左に 270 度旋回して下さい，着陸順番は 2 番目です．

PIL:　JA 71MA，ベース手前で左に 270 度旋回します．

TWR: JA 71MA，進入を続けて下さい，ベースで通報して下さい．

3: ショートアプローチをする場合

PIL: Miyazaki Tower, JA 71MA, turning downwind.

TWR: JA 71MA, do you accept short approach, inbound traffic Boeing 737 5 miles southeast of airport for visual approach, runway 09.

PIL: JA 71MA, accept short approach.

TWR: JA 71MA, make short approach, runway 09 cleared touch and go, wind 080 at 8.

PIL: 宮崎タワー，JA 71MA，ダウンウインド旋回中です．

TWR: JA 71MA，ショートアプローチを受諾できますか，ボーイング 737 が滑走路 09 の視認進入のため空港の南東 5 マイルにいます．

PIL: JA 71MA，ショートアプローチを受諾します．

TWR: JA 71MA，ショートアプローチして下さい，滑走路 09，タッチアンドゴー支障ありません，風向 080 度 8 ノット．

待機中に，「report base」や「continue approach」等の指示を受けた場合は，通常，待機の解除を意味するので，待機から離脱し進入を行う．

なお，パイロットの側からレグの延長や縮小，又は旋回等を要求する場合は，管制機関に連絡して許可を得なければならない．

なお，情報圏が設定されている飛行場では，基本的に，交通情報・気象情報等の支援が行われ，管制は行われないので，パイロットに判断と責任が委ねられる．関連トラフィックの情報等がある場合，積極的にトラフィックを視認するように努め，必要に応じて，自機の位置や行動等（ホールド，ゴーアラウンド等），積極的にインテンションを発出することが必要となる．

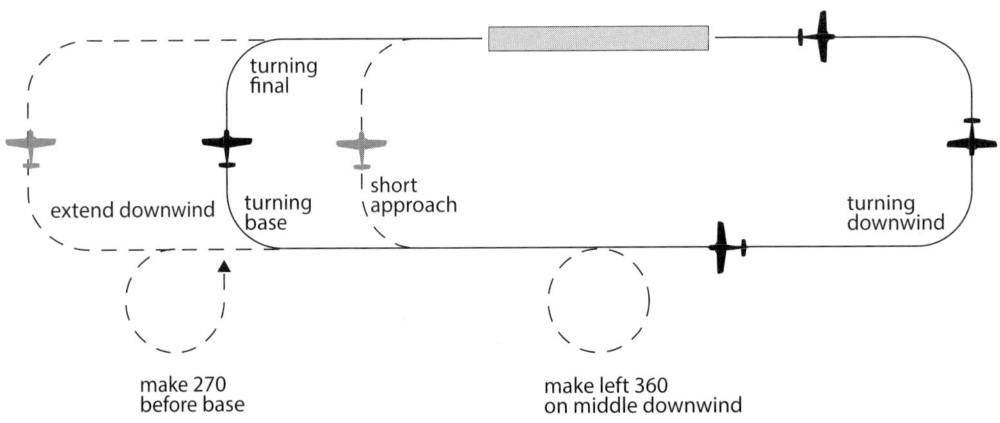

UNIT.4. Landing & Taxiing Back

- 着陸後 -

Words & Phrases

runway ~ continue approach （滑走路～）進入を続けて下さい	expedite vacating runway 急いで滑走路を離脱しなさい
(if able) turn left (right) ～ (*1) （もし可能なら）～で左（右）へ曲がって下さい	

＊ (*1) パイロットは管制官からの指示がない場合は，滑走路占有時間が最短となる誘導路から滑走路を離脱する．

Introduction

着陸後は速やかに滑走路を離脱しなければならない．着陸許可は，滑走路番号を前置し，着陸許可が発出された後，風向風速の値が提供される．

タワーとグランドがある場合，指示があるまではタワーの周波数をモニターしなければならない（滑走路解放後も指示がない場合はタワーの周波数にとどまるべきである）．時機について指示された場合を除き，速やかに通信設定するようにする．

Typical Exchanges

＊ベースを旋回する時

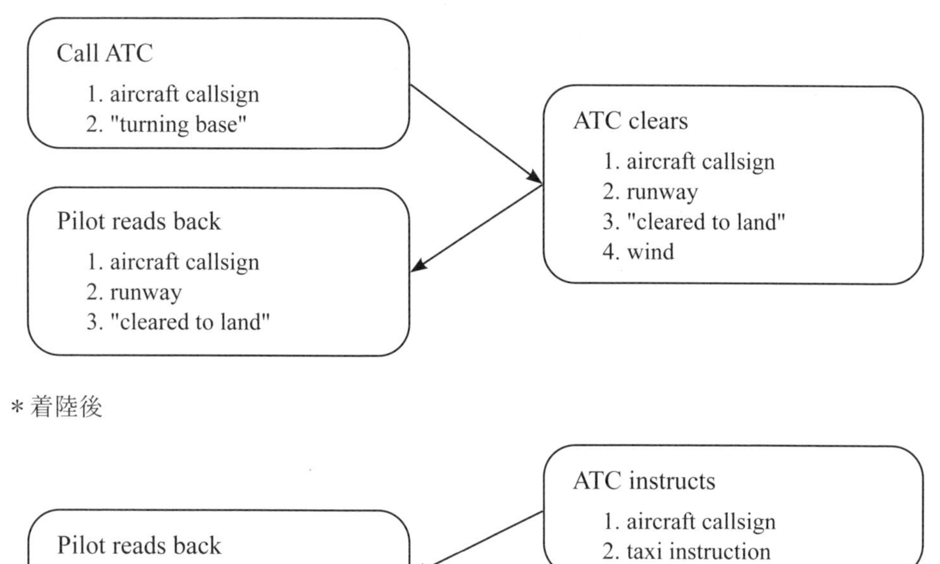

Phraseology Example 1

直ちに着陸許可が発出される場合は，以下のようになる．（帯広空港）

PIL: Obihiro Tower, JA 010C, turning downwind, request full stop.
TWR: JA 010C, report base.
PIL: JA 010C, report base.

PIL: Obihiro Tower, JA 010C, turning base.
TWR: JA 010C, runway 35 cleared to land, wind 310 at 9.
PIL: JA 010C, runway 35 cleared to land.

TWR: JA 010C, turn left T-3, taxi to CAC apron.
PIL: JA 010C, turn left T-3, taxi to CAC apron, (close flight plan).

PIL: 帯広タワー，JA 010C，ダウンウインド旋回中です，フルストップを要求します．
TWR: JA 010C，ベースで通報して下さい．
PIL: JA 010C，ベースで通報します．

PIL: 帯広タワー，JA 010C，ベースを旋回中です．
TWR: JA 010C，滑走路 35，着陸支障ありません，風向 310 度 9 ノット．
PIL: JA 010C，滑走路 35，着陸支障なし．

TWR: JA 010C，T-3 で左へ曲がって下さい，CAC エプロンへ地上走行して下さい．
PIL: JA 010C，T-3 で左へ曲がります，CAC エプロンへ地上走行します，（フライトプランをクローズします）．

Phraseology Example 2

グランドがある場合には，通常，着陸後にタワーからグランドと通信設定をするように指示される．（宮崎空港）

PIL: Miyazaki Tower, JA 71MA, turning right downwind, touch and go.
TWR: JA 71MA, report right base.
PIL: JA 71MA, report right base.

PIL: Miyazaki Tower, JA 71MA, turning right base, this time, request full stop.
TWR: JA 71MA, runway 27 continue approach, preceding traffic over threshold.
PIL: JA 71MA, continue approach, runway 27.

TWR: JA 71MA, runway 27 cleared to land, wind 280 at 8.
PIL: JA 71MA, runway 27 cleared to land.

TWR: JA 71MA, turn right N-3, contact Ground 121.9.

PIL: JA 71MA, turn right N-3, contact Ground 121.9.

PIL: Miyazaki Ground, JA 71MA, pick up N-3, request taxi to CAC apron, hold my flight plan.

GND: JA 71MA, Miyazaki Ground, taxi to CAC apron.

PIL: JA 71MA, taxi to CAC apron.

PIL: 宮崎タワー，JA 71MA，タッチアンドゴーのため右ダウンウインド旋回中です．
TWR: JA 71MA，右ベースで通報して下さい．
PIL: JA 71MA，右ベースで通報します．

PIL: 宮崎タワー，JA 71MA，右ベースを旋回中です，フルストップの要求に変更します．
TWR: JA 71MA，滑走路 27，進入を続けて下さい，先行機が滑走路進入端を通過中です．
PIL: JA 71MA，進入を続けます，滑走路 27．

TWR: JA 71MA，滑走路 27，着陸支障ありません，風向 280 度 8 ノット．
PIL: JA 71MA，滑走路 27，着陸支障なし．

TWR: JA 71MA，N-3 で右へ曲がって下さい，121.9 でグランドと交信して下さい．
PIL: JA 71MA，N-3 で右へ曲がります，121.9 でグランドと交信します．

PIL: 宮崎グランド，JA 71MA です，現在 N-3，CAC エプロンへの地上走行を要求します，フライトプランをオープンにしておきます．
GND: JA 71MA，宮崎グランドです，CAC エプロンへ地上走行して下さい．
PIL: JA 71MA，CAC エプロンへ地上走行します．

Phraseology Example 3

飛行場対空援助業務が行われている空港の場合は，以下のようになる（福島空港）．

PIL: Fukushima Radio, JA 5807, joining right base for full stop.

AFIS: JA 5807, runway 01 runway is clear, wind 350 at 4.

PIL: Runway is clear, runway 01, JA 5807.

AFIS: JA 5807, pick up T-4, taxi to south apron.

PIL: 福島レディオ，JA 5807，フルストップのため，右ベースに入りました．
AFIS: JA 5807，滑走路 01，滑走路はクリアーです，風向 350 度 4 ノット．
PIL: 滑走路はクリアー，滑走路 01，JA 5807．

AFIS: JA 5807，T-4 で曲がって下さい，サウスエプロンへ地上走行して下さい．

空港事務所又は出張所があるところでは，フライトプランをクローズしなくても着陸時刻が運航情報機関に連絡されてフライトプランはクローズされる．いったん着陸しても，クローズしない場合はその旨を連絡する必要がある．

なお，フライトプランの変更やETAの遅延等の場合，早めに最寄りのFSCもしくは対空センター，又は管制機関に変更を通知する（P.101~105参照）．VFR機の場合，

・空港事務所又は出張所が設置されていない飛行場

・設置されているが運用時間外

・場外離着陸場

に着陸した場合は，フライトプランは自動的にクローズされない．クローズを怠ると第一段通信捜索が開始され不要な捜索活動が行われるので，パイロットはフライトプランのクローズに関して十分な責任を持つべきである．

Phraseology Example 4

パイロットが安全に着陸できないと判断した場合は，直ちにゴーアラウンド（復行：着陸又はそのための進入の継続を中止して上昇体勢に移ること）を行い，その旨とその後のインテンションを管制機関等に通報するべきである．（宮崎空港）

PIL: JA 71MA, go around, request right downwind.
TWR: JA 71MA, roger, report right downwind.

PIL: JA 71MA，ゴーアラウンド（復行）します，右ダウンウインドを要求します．
TWR: JA 71MA，了解，右ダウンウインドで通報して下さい．

管制機関等が，滑走路又はトラフィックの状況により進入の継続，安全な着陸ができないと判断した場合は，ゴーアラウンドが指示される．なお，その後，適宜，その後の飛行方法が指示される．

TWR: JA 71MA, go around, another aircraft entered the runway.
PIL: JA 71MA, go around.

TWR: JA 71MA, report right downwind.
PIL: JA 71MA, report right downwind.

TWR: JA 71MA，ゴーアラウンド（復行）して下さい，他の航空機が滑走路に入りました．
PIL: JA 71MA，ゴーアラウンド（復行）します．

TWR: JA 71MA，右ダウンウインドで通報して下さい．
PIL: JA 71MA，右ダウンウインドで通報します．

なお，到着機からローアプローチ，タッチアンドゴー，ストップアンドゴー，又はオプションアプローチの要求があった場合であって，トラフィックの状況等により許可されない場合は，以下のようにパイロットのインテンションが尋ねられるか，又は代替方法が指示される．

Unable touch and go, make full-stop landing

Unable low approach, request intention

Unable option, request type of landing

また，オプションアプローチの場合であって許可できないものがある時は，

Cleared option, unable stop and go

のように，オプションアプローチの許可の後，許可されないものが通報される．

(参考) ヘリコプターに対する飛行場内の滑走路以外の離着陸場における着陸許可

ヘリコプターに対する滑走路以外の離着陸場における着陸許可は，離着陸場の名称及び風向風速の値を後置して発出される．(P.34 参照)

着陸許可の例

「JA ***, cleared to land at No.1 Helipad, wind 090 at 10」

ローアプローチ，タッチアンドゴー，ストップアンドゴー，又はオプションアプローチが許可される場合は，その後の旋回又は直線出発等について指示される．

タッチアンドゴーの許可の例

「JA ***, cleared touch and go at No.1 Helipad, wind 090 at 10. After completing touch and go, make right turn」

無線機故障の場合

航空機の無線機が故障した場合，着陸を希望する時はタワーの方向へ向けて着陸灯を点灯させる．管制官がいるところでは指向信号灯（ライトガン）による指示が出される．なお，管制官がいない（飛行場管制業務が行われていない）飛行場では，ライトガンは使用されない．

その際の合図の種類と意味は，以下の表のように決められている．

・「不動光」----- 5 秒以上点滅しない灯光

・「閃光」----- 約 1 秒間の間隔で点滅する灯光

・「交互閃光」----- 色彩の異なる光線を交互に発する灯光

（合図の）種類	意味		
	航空機が地上にある場合	航空機が飛行している場合	走行地域における車両又は人
緑色の不動光 STEADY GREEN	離陸支障なし Cleared for take-off	着陸支障なし Cleared to land	横断（又は進行）支障なし Cleared to cross, proceed
緑色の閃光 FLASHING GREEN	地上走行支障なし Cleared to taxi	飛行場に帰り着陸せよ Return for landing	
赤色の不動光 STEADY RED	停止（又は待機）せよ Stop	進路を他機に譲り場周経路を飛行せよ Give way to other aircraft and continue circling	停止（又は待機）せよ Stop
赤色の閃光 FLASHING RED	滑走路の外へ出よ Taxi clear of landing area in use	着陸してはならない Airport unsafe, do not land	滑走路又は誘導路の外へ出よ Clear the taxiway / runway
白色の閃光 FLASHING WHITE	飛行場の出発点に帰れ Return to starting point on airport	この飛行場に着陸し，エプロンに進め Land at this airport and proceed to apron	飛行場の出発点に帰れ Return to starting point on airport
緑色及び赤色の交互閃光 ALTERNATING RED AND GREEN	注意せよ Exercise extreme caution	注意せよ Exercise extreme caution	注意せよ Exercise extreme caution

航空機が通信内容を了解した旨を応答する場合は次の方法による．

・昼間 ----- 地上ではエルロン又はラダーを動かし，飛行中は主翼を振る

・夜間 ----- 着陸灯を点滅又は点灯する

無線機の受信のみ可能と思われる場合は，管制官からの次の用語によってパイロットの応答の方法が指示される．

acknowledge by moving ailerons 補助翼を動かして応答して下さい．

acknowledge by moving rudders 方向舵を動かして応答して下さい．

acknowledge by rocking wings 主翼を振って応答して下さい．

acknowledge by blinking landing light 着陸灯を点滅して応答して下さい．

acknowledge by showing landing light 着陸灯を点灯して応答して下さい．

show landing light 着陸灯を点灯して下さい．

PART.4.

外部視認目標を利用した飛行

UNIT.1. Going To Airwork Training

- エアワークトレーニング -

Words & Phrases

request left (right) turn departure 左（右）旋回による出発を要求します	left (right) turn approved 左（右）旋回許可します
request straight out departure 直線出発を要求します	straight out approved 直線出発許可します
leaving control zone 管制圏を離脱します	frequency change approved (*1) 周波数の変更を許可します
break traffic (*2) 場周経路を離脱して下さい	remain this frequency (*3) この周波数にとどまって下さい

＊ (*1) 任意の周波数に変更することを許可する用語である.

＊ (*2) 通常は，緊急機やトラフィックの混雑等が存在する場合，場周経路を離脱するよう指示される場合に用いられる.

＊ (*3) パイロットが予期している周波数変更を保留させる場合に使用される.

Introduction

民間訓練試験空域（以下，訓練空域）にてエアワーク訓練を行う場合，又は他の空港へ向かう時に管制圏（等）を出る場合は，離陸準備完了後，離陸の際に飛行方向を告げ離陸し，（場周経路を離れて）管制圏（等）を出ることになる．なお，「ready, request ~ departure to 方位 / 地名」等のように，どこで管制圏（等）を離脱するのか，そのポイントを離陸前に方位や地名等で伝えるのが望ましい.

管制圏を離脱する時は，その旨を管制機関に通報しなければならない．飛行場から 5 マイル，又は高度で管制圏を離脱する場合は，通常は，現在位置，高度，上昇中の高度，目的地の予定時刻等を適宜通報して，管制機関に周波数を離れる許可を得る．なお，情報圏を離脱する場合は，離脱する旨を通報する.

その後，訓練空域において訓練を行う訓練機は，別途取り決め等がある場合を除き，航空交通情報を入手するため，空域を管轄する「Controlling Facility」又は「Communication Facility」と連絡し，訓練空域の入出域時刻（又は訓練開始及び終了時刻）を通報するとともに，常時情報を聴取しなければならない.

入域の交信例

「00 時 00 分，TH 12-1 に入域します」

「Entering Tango-Hotel Twelve Dash One at 0000」

Typical Exchanges

＊出発の準備が整った後

Call ATC
1. aircraft callsign
(2. position)
3. "ready"
4. request ~ departure

ATC clears
1. aircraft callsign
2. left turn / right turn / straight out approved
3. wind
4. runway
5. "cleared for take-off"

Pilot reads back
1. aircraft callsign
2. left turn / right turn / straight out approved
3. runway
4. "cleared for take-off"

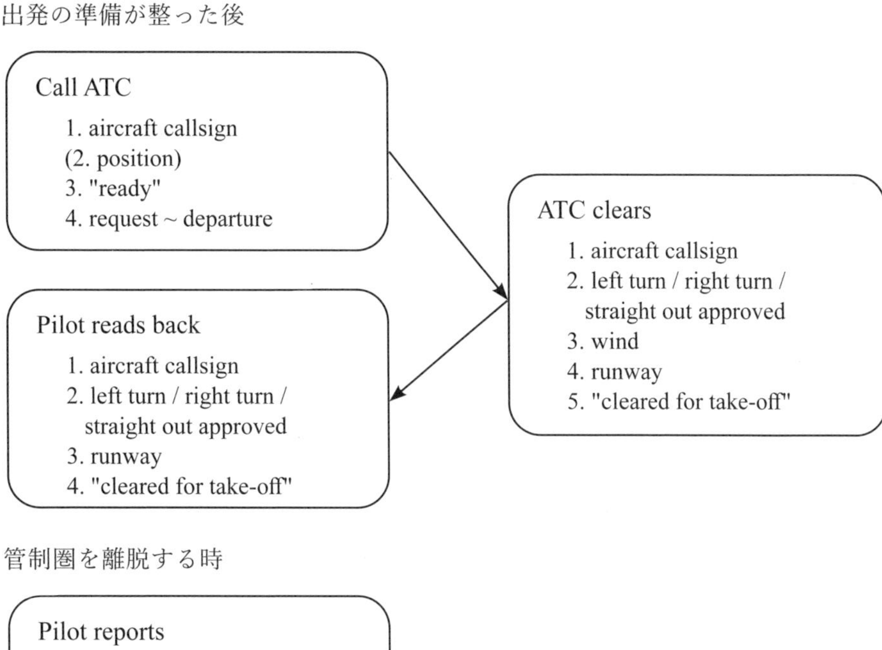

＊管制圏を離脱する時

Pilot reports
1. aircraft callsign
2. "leaving control zone"
3. position, altitude, etc.

ATC approves
1. aircraft callsign
2. "frequency change approved"

Pilot reads back
1. aircraft callsign
2. "frequency change approved"

管制圏
①
②
Left Traffic Pattern
③
滑走路
Right Traffic Pattern
④
①

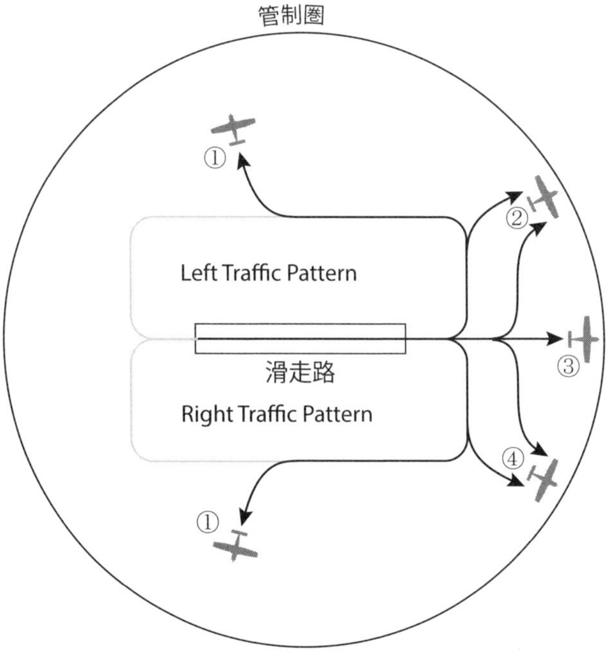

① downwind departure
② left turn departure
③ straight out departure
④ right turn departure

Phraseology Example 1

訓練空域に向かう場合は，以下のようになる．レーダー管制機関とのイニシャルコンタクト時の交信（TCA を除く）は，VFR である旨等を適宜通報する．（帯広空港）

PIL:　Obihiro Tower, JA 011C.
TWR:　JA 011C, Obihiro Tower, go ahead.
PIL:　JA 011C, at CAC, request taxi, northwestbound.
TWR:　JA 011C, taxi to holding point runway 35, wind 330 at 9, QNH 3015.
PIL:　JA 011C, taxi to holding point runway 35, QNH 3015.

PIL:　Obihiro Tower, JA 011C, at T-4, ready, request left turn departure.
TWR:　JA 011C, left turn approved, wind 320 at 11, runway 35 cleared for take-off.
PIL:　JA 011C, left turn approved, runway 35 cleared for take-off.

PIL:　Obihiro Tower, JA 011C, leaving control zone.
TWR:　JA 011C, frequency change approved.
PIL:　JA 011C, frequency change approved.

PIL:　Sapporo Control, JA 011C, (VFR).
ACC:　JA 011C, Sapporo Control, go ahead.
PIL:　JA 011C, entering HK 2-7 at 0445.
ACC:　JA 011C, roger, report leaving training area.

PIL:　帯広タワー，JA 011C です．
TWR: JA 011C，帯広タワーです，どうぞ．
PIL:　JA 011C，現在 CAC エプロン，地上走行を要求します，飛行方向は北西です．
TWR: JA 011C, 滑走路 35 の滑走路停止位置まで地上走行して下さい, 風向 330 度 9 ノット，QNH 3015.
PIL:　JA 011C，滑走路 35 の滑走路停止位置まで地上走行します，QNH 3015.

PIL:　帯広タワー，JA 011C，現在 T-4，離陸準備完了，レフトターンデパーチャーを要求します．
TWR: JA 011C, 左旋回許可します, 風向 320 度 11 ノット, 滑走路 35, 離陸支障ありません．
PIL:　JA 011C，左旋回許可，滑走路 35，離陸支障なし．

PIL:　帯広タワー，JA 011C，管制圏を離脱します．
TWR: JA 011C，周波数の変更を許可します．
PIL:　JA 011C，周波数の変更を許可．

PIL:　札幌コントロール，JA 011C です，（VFR で飛行中です）．
ACC:　JA 011C，札幌コントロールです，どうぞ．
PIL:　JA 011C，訓練空域 HK 2-7 に 0445 に入域します．
ACC:　JA 011C，了解，訓練空域を出域する時に通報して下さい．

なお，他の空港へ行く場合，以下のようになる（レーダーサービスに関しては，P.85 ～を参照）.

PIL: Obihiro Tower, JA 013C.

TWR: JA 013C, Obihiro Tower, go ahead.

PIL: JA 013C, at CAC apron, VFR to Kushiro airport, request taxi, after airborne, eastbound.

TWR: JA 013C, taxi to holding point runway 35, wind 350 at 8, QNH 2943.

PIL: Taxi to holding point runway 35, QNH 2943, JA 013C.

PIL: Obihiro Tower, JA 013C, at T-4, ready, request right turn departure.

TWR: JA 013C, right turn approved, wind 350 at 9, runway 35 cleared for take-off.

PIL: Right turn approved, runway 35 cleared for take-off, JA 013C.

PIL: Obihiro Tower, JA 013C, leaving control zone.

TWR: JA 013C, frequency change approved.

PIL: Frequency change approved, JA 013C.

PIL: Sapporo Control, JA 013C, VFR.

ACC: JA 013C, Sapporo Control, go ahead.

PIL: JA 013C, 8 miles east of Obihiro VOR, maintain 3,500, VFR to Kushiro airport, request radar traffic advisory.

PIL: 帯広タワー，JA 013C です.

TWR: JA 013C，帯広タワーです，どうぞ.

PIL: JA 013C，現在 CAC エプロン，VFR により釧路空港へ向かいます，地上走行を要求します，飛行方向は東です.

TWR: JA 013C, 滑走路 35 の滑走路停止位置まで地上走行して下さい, 風向 350 度 8 ノット, QNH 2943.

PIL: 滑走路 35 の滑走路停止位置まで地上走行します，QNH 2943，JA 013C.

PIL: 帯広タワー，JA 013C，現在 T-4，離陸準備完了，ライトターンデパーチャーを要求します.

TWR: JA 013C，右旋回許可します，風向 350 度 9 ノット，滑走路 35，離陸支障ありません.

PIL: 右旋回許可，滑走路 35，離陸支障なし，JA 013C.

PIL: 帯広タワー，JA 013C，管制圏を離脱します.

TWR: JA 013C，周波数の変更を許可します.

PIL: 周波数の変更を許可，JA 013C.

PIL: 札幌コントロール，JA 013C です，VFR で飛行中です.

ACC: JA 013C，札幌コントロールです，どうぞ.

PIL: JA 013C，帯広 VOR の東 8 マイル，3,500 フィートを維持しています，VFR により釧路空港へ向かいます，レーダーアドバイザリー業務を要求します.

Phraseology Example 2

管制圏の離脱を通報するよう指示がある場合は，以下のようになる．（宮崎空港）

PIL: **Miyazaki Ground, JA 74MD.**

GND: **JA 74MD, Miyazaki Ground, go ahead.**

PIL: **JA 74MD, at CAC, request taxi and TCA advisory southbound, information C.**

GND: **JA 74MD, squawk 1452, taxi to holding point N-4 runway 27.**

PIL: **JA 74MD, taxi to holding point N-4 runway 27, squawk 1452.**

GND: **JA 74MD, contact Tower 118.3 when ready.**

PIL: **JA 74MD, contact Tower 118.3 when ready.**

PIL: **Miyazaki Tower, JA 74MD, at N-4, ready, request left turn departure southbound.**

TWR: **JA 74MD, Miyazaki Tower, left turn approved, wind 210 at 8, runway 27 at N-4 cleared for take-off.**

PIL: **JA 74MD, left turn approved, runway 27 at N-4 cleared for take-off.**

TWR: **JA 74MD, report leaving control zone.**

PIL: **JA 74MD, report leaving control zone.**

PIL: **Miyazaki Tower, JA 74MD, 3 miles south, leaving 2,800 climbing to 4,500, leaving control zone.**

TWR: **JA 74MD, contact Kagoshima TCA 121.25.**

PIL: 宮崎グランド，JA 74MD です.

GND: JA 74MD，宮崎グランドです，どうぞ.

PIL: JA 74MD，現在 CAC エプロン，地上走行と TCA アドバイザリーを要求します，飛行方向は南です，インフォメーション C.

GND: JA 74MD，1452 を送って下さい，滑走路 27 の N-4 の滑走路停止位置まで地上走行して下さい.

PIL: JA 74MD, 滑走路 27 の N-4 の滑走路停止位置まで地上走行します, 1452 を送ります.

GND: JA 74MD，準備ができた時，118.3 でタワーと交信して下さい.

PIL: JA 74MD，準備ができた時，118.3 でタワーと交信します.

PIL: 宮崎タワー，JA 74MD です，現在 N-4，離陸準備完了，レフトターンデパーチャーを要求します，飛行方向は南です.

TWR: JA 74MD, 宮崎タワーです, 左旋回許可します, 風向 210 度 8 ノット,（滑走路 27 の）N-4，離陸支障ありません.

PIL: JA 74MD，左旋回許可，（滑走路 27 の）N-4，離陸支障なし.

TWR: JA 74MD，管制圏を離脱する時に通報して下さい.

PIL: JA 74MD，管制圏を離脱する時に通報します.

PIL: 宮崎タワー，JA 74MD，宮崎空港の南 3 マイル，2,800 フィートから 4,500 フィートへ上昇中です，管制圏を離脱します.

TWR: JA 74MD，121.25 で鹿児島 TCA と交信して下さい.

Phraseology Example 3

飛行場対空援助業務が行われている情報圏の場合，通常，飛行場標点から 5 マイルの地点で通報する.（佐賀空港）

AFIS: JA 76MF, wind 230 degrees at 5 knots, runway 29 runway is clear, after airborne, report 5 miles southwest.

PIL: Runway 29 runway is clear, report 5 miles southwest, JA 76MF.

PIL: Saga Radio, JA 76MF, 5 miles southwest, 2,000, leaving information zone.

AFIS: JA 76MF, roger, leave this frequency.

PIL: Leave this frequency, JA 76MF.

AFIS: JA 76MF，風向 230 度 5 ノット，滑走路 29，滑走路はクリアーです，離陸後は空港の南西 5 マイルで通報して下さい.

PIL: 滑走路 29，滑走路はクリアー，離陸後，空港の南西 5 マイルで通報します，JA 76MF.

PIL: 佐賀レディオ, JA 76MF, 空港の南西 5 マイル, 2,000 フィート, 情報圏を離脱します.

AFIS: JA 76MF，了解，この周波数を離れて下さい.

PIL: この周波数を離れます，JA 76MF.

離陸時刻を通報するよう言われる場合もある．（紋別空港）

PIL:　JA 012C, runway 14 runway is clear, report airborne time.

PIL:　Monbetsu Radio, JA 012C, airborne 20.
AFIS: JA 012C, report 5 miles out.
PIL:　JA 012C, report 5 miles out.

PIL:　Monbetsu Radio, JA 012C, 5 miles southeast, 3,500 climbing.
AFIS: JA 012C, frequency change anytime.

PIL:　JA 012C，滑走路 14，滑走路はクリアー，離陸時刻を通報します．

PIL:　紋別レディオ，JA 012C，20 分に離陸しました．
AFIS: JA 012C，空港から 5 マイルで通報して下さい．
PIL:　JA 012C，空港から 5 マイルで通報します．

PIL:　紋別レディオ，JA 012C，空港の南東 5 マイル，3,500 フィート，上昇中です．
AFIS: JA 012C，いつでもこの周波数を離れて下さい．

離陸時刻は離陸機のすべての車輪が滑走路を離れた時刻をいう．VFR 機は，離陸時刻を通報する義務はないが，

・空港事務所・出張所が設置されていない空港

・空港事務所・出張所が設置されているが運用時間外である場合

・場外離着陸場から出発して離陸時刻を通報しなかった場合

は，離陸時刻を管制情報機関に通報することが望ましい．

フライトプランで提出した移動開始予定時刻（EOBT：estimated off-block time）から到着予定時刻（ETA：estimated time of arrival）が算出されるため，実際の離陸時間と異なると不必要な捜索活動が開始される可能性があるからである．（P.48 も参照）

Phraseology Example 4

模擬計器出発を行う場合は，以下のようになる．(宮崎空港)

PIL: **Miyazaki Tower, JA 77MG, at N-4, ready, simulated Miyazaki Reversal One Departure.**

TWR: **JA 77MG, Miyazaki Tower, wind 280 at 9, runway 27 at N-4 cleared for take-off.**

PIL: **Runway 27 at N-4 cleared for take-off, JA 77MG.**

TWR: **JA 77MG, contact Kagoshima Radar 121.4.**

PIL: **Contact Kagoshima Radar 121.4, JA 77MG.**

PIL: **Kagoshima Radar, JA 77MG, leaving 1,500 climbing 7,000.**

RDR: **JA 77MG, Kagoshima Radar, radar contact.**

PIL: 宮崎タワー，JA 77MG です，現在 N-4，離陸準備完了，Simulated Miyazaki Reversal One Departure を行います．

TWR: JA 77MG，宮崎タワーです，風向 280 度 9 ノット，(滑走路 27 の) N-4，離陸支障ありません．

PIL: (滑走路 27 の) N-4，離陸支障なし，JA 77MG.

TWR: JA 77MG，121.4 で鹿児島レーダーと交信して下さい．

PIL: 121.4 で鹿児島レーダーと交信します，JA 77MG.

PIL: 鹿児島レーダー，JA 77MG です，現在 1,500 フィート，7,000 フィートまで上昇します．

RDR: JA 77MG，鹿児島レーダーです，レーダーコンタクト．

模擬計器出発を行う場合は，IFR 機と同様に，周波数の通報，又は周波数の変更に関する指示がある．

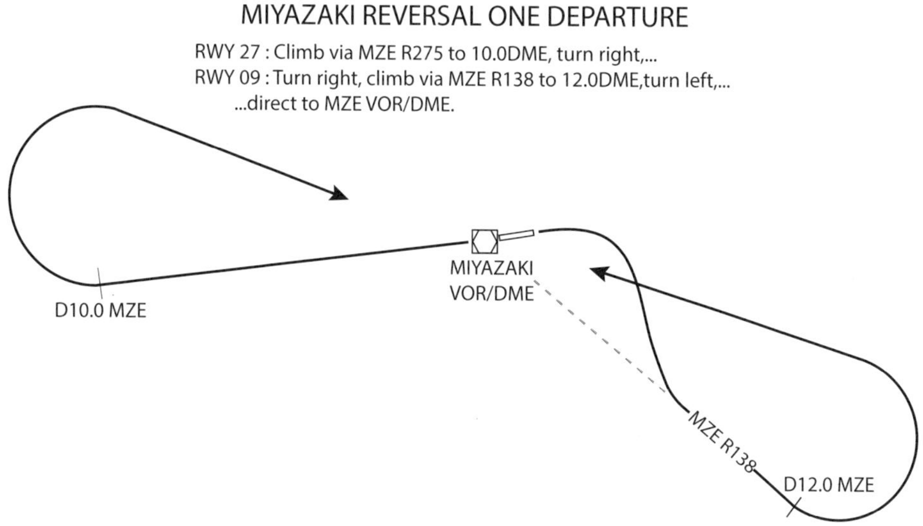
MIYAZAKI REVERSAL ONE DEPARTURE
RWY 27 : Climb via MZE R275 to 10.0DME, turn right,...
RWY 09 : Turn right, climb via MZE R138 to 12.0DME,turn left,...
...direct to MZE VOR/DME.
MIYAZAKI
VOR/DME
D10.0 MZE
MZE R138
D12.0 MZE

UNIT.2. Coming Back From Airwork Training

- 帰投 -

Words & Phrases

join right traffic 右旋回場周経路に入って下さい	right traffic approved 右旋回場周経路を許可します
join direct (right) base （右）ベースに直接入って下さい	unable straight-in 直線進入は許可できません
make straight-in approach 直線進入を行って下さい	report over ~ ～（位置通報点）上で通報して下さい
report (right) downwind / base / turning final （右）ダウンウインド（ベース）（ファイナル旋回）で通報して下さい	
cleared to enter control / information zone ~ mile ~ of ~ airport, maintain special VFR conditions while in control / information zone ～飛行場の～海里の点からの特別有視界飛行方式による飛行を許可します，管制圏（情報圏）内では特別有視界飛行基準を維持して下さい	
expect ～ minutes delay ～分間待って下さい	
unable to enter control zone, field IMC IMC なので管制圏への入圏は発出できません	
unable to issue special VFR clearance unless an emergency exists 緊急状態の場合以外は特別有視界飛行方式の許可は発出できません	
can you leave control zone maintaining flight visibility 1,500 meters or more? 飛行視程 1,500 メートル以上を維持して管制圏を離脱できますか？	
maintain special VFR conditions (at or below ～) (*1) （～以下で）特別有視界飛行基準を維持して下さい	

＊ (*1) ターミナル管制所により模擬計器進入の許可が発出される場合，Special VFR 機相互間，及び Special VFR 機と IFR 機との間には管制間隔が設定される．Special VFR 機に対しては，通常，高度の指定は行われないので，必要であれば，IFR 機の下方 500 フィート以下の高度で飛行するよう指示される．

Introduction

着陸のために空港へ向かう時は，パイロットは目視位置通報点（V-REP：visual reporting point）又はそれ以外の適切な地点（概ね管制圏外の 10 マイル程度）において，着陸に関する指示を受けなければならない．その際，現在位置（V-REP 又は「~ miles southwest」等のような具体的な位置），高度，パイロットのインテンション，その他必要な事項を通報すると，場周経路，使用滑走路，風向風速等の情報が提供され，着陸に関する指示が得られる（ATIS に含まれる場合は省略される）．

Typical Exchanges

＊目視位置通報点上にて

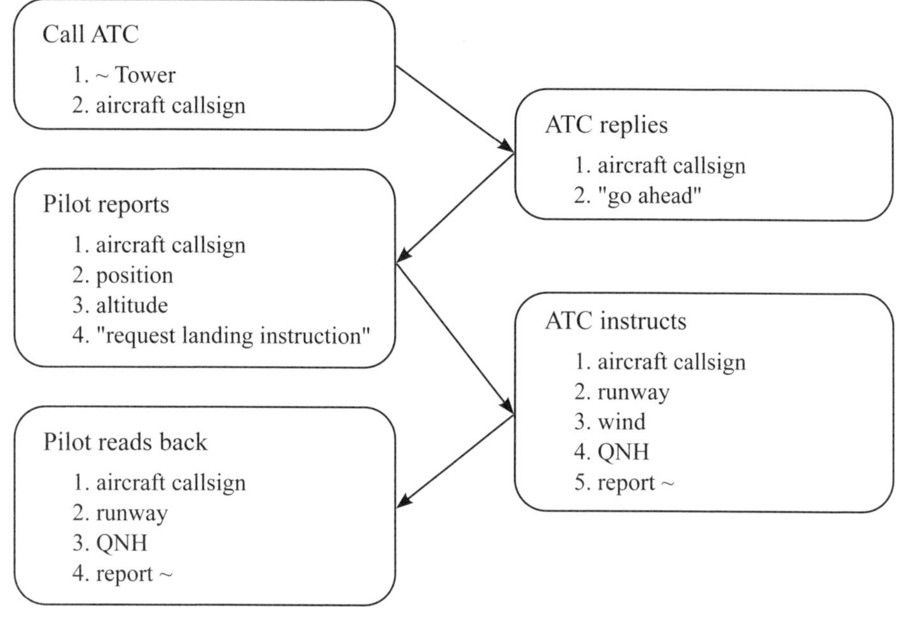

Phraseology Example 1

訓練空域から V-REP を経由して帰投する場合は，以下のようになる．（帯広空港）

PIL: Sapporo Control, JA 011C, leaving HK 2-7 at 0530.

ACC: JA 011C, frequency change approved.

PIL: JA 011C, frequency change approved.

PIL: Obihiro Tower, JA 011C.

TWR: JA 011C, Obihiro Tower, go ahead.

PIL: JA 011C, over Nakasatsunai, 2,000, request landing instruction for touch and go.

TWR: JA 011C, runway 35, wind 350 at 10, QNH 3016, join direct base.

PIL: JA 011C, runway 35, QNH 3016, join direct base.

PIL: Obihiro Tower, JA 011C, on left base.

TWR: JA 011C, runway 35 cleared touch and go, wind 340 at 11.

PIL: JA 011C, runway 35 cleared touch and go.

PIL: 札幌コントロール，JA 011C，訓練空域 HK 2-7 を 0530 に出域しました．

ACC: JA 011C，周波数の変更を許可します．

PIL: JA 011C，周波数の変更を許可．

PIL: 帯広タワー，JA 011C です．

TWR: JA 011C，帯広タワーです，どうぞ．

PIL: JA 011C，中札内上空，2,000 フィート，タッチアンドゴーのための指示を要求します．

TWR: JA 011C，滑走路 35，風向 350 度 10 ノット，QNH 3016，ベースに直接入って下さい．

PIL: JA 011C，滑走路 35，QNH 3016，ベースに直接入ります．

PIL: 帯広タワー，JA 011C，左ベースに入りました．

TWR: JA 011C，滑走路 35，タッチアンドゴー支障ありません，風向 340 度 11 ノット．

PIL: JA 011C，滑走路 35，タッチアンドゴー支障なし．

待機が必要な場合は，目視位置通報点及びその他適切な場所において，待機の指示が発出される場合がある．

PIL:　Obihiro Tower, JA 011C.

TWR:　JA 011C, Obihiro Tower, go ahead.

PIL:　JA 011C, over Nakasatsunai, 2,000, request full stop.

TWR:　JA 011C, runway 35, wind 350 at 10, QNH 3016, hold over Nakasatsunai until further advised.

PIL:　JA 011C, runway 35, QNH 3016, hold over Nakasatsunai.

TWR:　JA 011C, join direct base, runway 35.

PIL:　帯広タワー，JA 011C です．

TWR: JA 011C，帯広タワーです，どうぞ．

PIL:　JA 011C，中札内上空，2,000 フィート，フルストップのための指示を要求します．

TWR: JA 011C，滑走路 35，風向 350 度 10 ノット，QNH 3016，中札内上空で次の指示まで待機して下さい．

PIL:　JA 011C，滑走路 35，QNH 3016，中札内上空で待機します．

TWR: JA 011C，ベースに直接入って下さい，滑走路 35.

帯広周辺の訓練空域

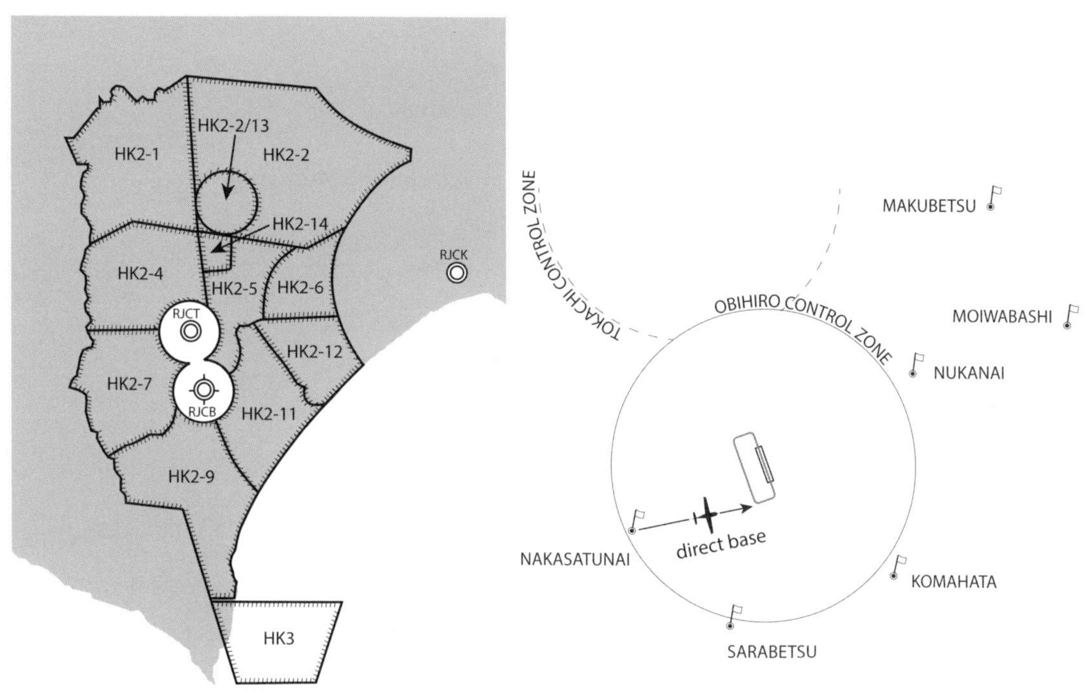

Phraseology Example 2

ATIS がある空港では，受信した最新の ATIS のコードを伝える．（宮崎空港）

1: 直接，ベースに入る場合

PIL: Miyazaki Tower, JA 74MD, information D.
TWR: JA 74MD, Miyazaki Tower, go ahead.
PIL: JA 74MD, over Shirahama, 1,500, request landing for full stop.
TWR: JA 74MD, join direct left base, runway 27.
PIL: JA 74MD, join direct left base, runway 27.

PIL: Miyazaki Tower, JA 74MD, joining left base.
TWR: JA 74MD, runway 27 cleared to land, wind 250 at 7.
PIL: JA 74MD, runway 27 cleared to land.

PIL: 宮崎タワー，JA 74MD です，インフォメーション D.
TWR: JA 74MD，宮崎タワーです，どうぞ.
PIL: JA 74MD，白浜上空，1,500 フィート，フルストップのための指示を要求します.
TWR: JA 74MD，左ベースに直接入って下さい，滑走路 27.
PIL: JA 74MD，左ベースに直接入ります，滑走路 27.

PIL: 宮崎タワー，JA 74MD，左ベースに入りました.
TWR: JA 74MD，滑走路 27，着陸支障ありません，風向 250 度 7 ノット.
PIL: JA 74MD，滑走路 27，着陸支障なし.

2: ダウンウインドに入る場合

PIL: JA 74MD, over Shirahama, 1,500, request landing, full stop.
TWR: JA 74MD, report left downwind, runway 27.
PIL: JA 74MD, report left downwind, runway 27.

PIL: Miyazaki Tower, JA 74MD, joining left downwind.
TWR: JA 74MD, report left base.

PIL: JA 74MD，白浜上空，1,500 フィート，フルストップのための指示を要求します.
TWR: JA 74MD，左ダウンウインドで通報して下さい，滑走路 27.
PIL: JA 74MD，左ダウンウインドで通報します，滑走路 27.

PIL: 宮崎タワー，JA 74MD，左ダウンウインドに入りました.
TWR: JA 74MD，左ベースで通報して下さい.

3: V-REP に向かう場合

PIL: **Miyazaki, Tower, JA 81ML, information J.**

TWR: **JA 81ML, Miyazaki Tower, go ahead.**

PIL: **JA 81ML, over Arita, 1,500, request landing, touch and go.**

TWR: **JA 81ML, runway 09, report Hitotsuba.**

PIL: **Report Hitotsuba, runway 09, JA 81ML.**

PIL: **Miyazaki Tower, JA 81ML, over Hitotsuba.**

TWR: **JA 81ML, report left downwind.**

PIL: **Report left downwind, JA 81ML.**

PIL: **Miyazaki Tower, JA 81ML, on left downwind, runway 09.**

TWR: **JA 81ML, make right 360 on middle downwind, report base, we have departure Boeing 737.**

PIL: 宮崎タワー，JA 81ML です，インフォメーション J.

TWR: JA 81ML，宮崎タワーです，どうぞ.

PIL: JA 81ML，有田上空，1,500 フィート，タッチアンドゴーのための指示を要求します.

TWR: JA 81ML，滑走路 09，一ツ葉上空で通報して下さい.

PIL: 一ツ葉上空で通報します，滑走路 09，JA 81ML.

PIL: 宮崎タワー，JA 81ML，一ツ葉上空です.

TWR: JA 81ML，左ダウンウインドで通報して下さい.

PIL: 左ダウンウインドで通報します，JA 81ML.

PIL: 宮崎タワー，JA 81ML，左ダウンウインドに入りました，滑走路 09.

TWR: JA 81ML，ダウンウインド中央で右に 360 度旋回して下さい，ベースで通報して下さい，ボーイング 737 の出発機があります.

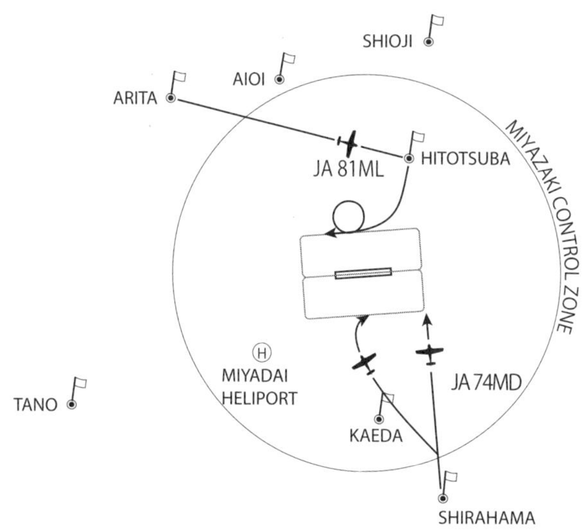

Phraseology Example 3

飛行場対空援助業務が行われている空港へ帰投する場合は，目視位置通報点，又は飛行場標点から 5 マイル以遠の適切な場所で，通報を行う．なお，通報内容は，P.61 にある通り（現在位置，高度，パイロットのインテンション等）である．（福島空港）

PIL: Fukushima Radio, JA 5807.

AFIS: JA 5807, Fukushima Radio, go ahead.

PIL: JA 5807, 15 miles east of airport, 3,500 descending, request landing information for touch and go.

AFIS: JA 5807, using runway 01, wind 340 degrees at 4 knots, temperature 12, QNH 3012, report 5 miles.

PIL: QNH 3012, report 5 miles, JA 5807.

PIL: Fukushima Radio, JA 5807, 5 miles.

AFIS: JA 5807, join direct right base, runway 01.

PIL: Join direct right base, runway 01, JA 5807.

PIL: Fukushima Radio, JA 5807, joining right base for touch and go.

PIL: 福島レディオ，JA 5807 です．

AFIS: JA 5807，福島レディオです，どうぞ．

PIL: JA 5807，空港の東 15 マイル，3,500 フィートから降下中，タッチアンドゴーのための情報を要求します．

AFIS: JA 5807，使用滑走路 01，風向 340 度 4 ノット，気温 12 度，QNH 3012，空港から 5 マイルで通報して下さい．

PIL: QNH 3012，空港から 5 マイルで通報します，JA 5807.

PIL: 福島レディオ，JA 5807，空港から 5 マイルです．

AFIS: JA 5807，右ベースに直接入って下さい，滑走路 01.

PIL: 右ベースに直接入ります，滑走路 01，JA 5807.

PIL: 福島レディオ，JA 5807，タッチアンドゴーのため右ベースに入りました．

Phraseology Example 4

模擬計器進入を行う場合は，パイロットは，以下の事項を適宜通報する．（宮崎空港）

① 当該航空機の無線呼出符号及び航空機型式

② 当該航空機の位置及び高度

③ 希望する計器進入方式の種類

④ 進入終了の方法（進入復行，着陸等）

⑤ 進入フィックスの到着予定時刻

PIL: **Kagoshima Radar, JA 77MG, cancel simulated Reversal Departure, request simulated VOR runway 27 approach with 2 times holding, maintain 7,000.**

RDR: **JA 77MG, roger, proceed Miyazaki VOR, stand by approach clearance, report completing hold.**

PIL: **Proceed Miyazaki VOR, stand by approach clearance, report completing hold, will report final holding inbound, JA 77MG.**

RDR: **JA 77MG, roger.**

PIL: **Kagoshima Radar, JA 77MG, final holding inbound.**

RDR: **JA 77MG, cleared for simulated VOR runway 27 approach, maintain VMC, report high station.**

PIL: **Cleared for simulated VOR runway 27 approach, maintain VMC, report high station, JA 77MG.**

PIL: **Kagoshima Radar, JA 77MG, leaving high station.**

RDR: **JA 77MG, report starting base turn.**

PIL: **Report starting base turn, JA 77MG.**

PIL: **Kagoshima Radar, JA 77MG, starting base turn.**

RDR: **JA 77MG, contact Tower.**

PIL: **Contact Tower, JA 77MG.**

PIL: **Miyazaki Tower, JA 77MG, base turn inbound, request low approach, after low approach, request right downwind, full stop.**

TWR: **JA 77MG, Miyazaki Tower, roger, report 5 miles on final.**

ホールディングもあわせて実施する場合は，上記のように，ホールディング回数を通報するのが望ましい.

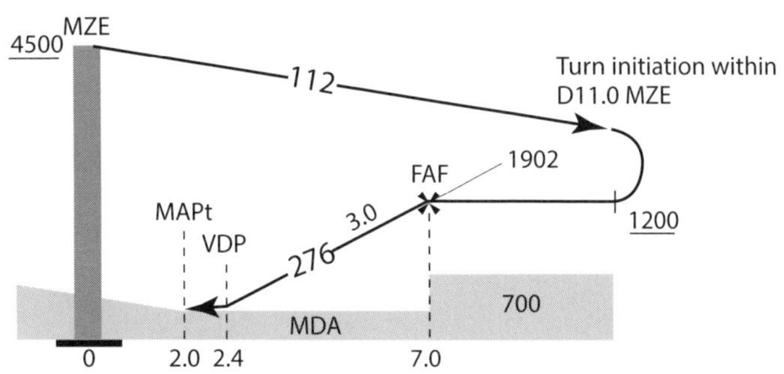

PIL: 鹿児島レーダー, JA 77MG, Simulated Reversal Departureを取り消します, ホールディングを2回行った後, Simulated VOR runway 27 approachを要求します, 高度は7,000です.

RDR: JA 77MG, 了解, 宮崎VORに向かって下さい, 進入許可はお待ち下さい, ホールディングを終了したら通報して下さい.

PIL: 宮崎VORに向かいます, 進入許可は待ちます, ホールディングを終了したら通報します, ファイナル・ホールディング・インバウンドで通報します, JA 77MG.

RDR: JA 77MG, 了解.

PIL: 鹿児島レーダー, JA 77MG, ファイナル・ホールディング・インバウンドです.

RDR: JA 77MG, VOR runway 27 approachの模擬計器進入を許可します, VMCを維持して下さい, ハイステーション離脱を通報して下さい.

PIL: VOR runway 27 approachの模擬計器進入を許可, VMCを維持します, ハイステーション離脱を通報します, JA 77MG.

PIL: 鹿児島レーダー, JA 77MG, ハイステーションを離脱.

RDR: JA 77MG, 基礎旋回の開始を通報して下さい.

PIL: 基礎旋回の開始を通報します, JA 77MG.

PIL: 鹿児島レーダー, JA 77MG, 基礎旋回を開始.

RDR: JA 77MG, タワーと交信して下さい.

PIL: タワーと交信します, JA 77MG.

PIL: 宮崎タワー, JA 77MGです, 基礎旋回のインバウンド, ローアプローチを要求します, ローアプローチの後は, フルストップのため右ダウンウインドを要求します.

TWR: JA 77MG, 宮崎タワーです, 了解, ファイナル5マイルで通報して下さい.

模擬計器進入に関して, 以下の用語が使用される.

1. 管制圏が設定されており, ターミナル管制所により進入管制業務又はターミナル・レーダー管制業務が行われている空港では,

「cleared for simulated ～ approach, maintain VMC」

2. 管制圏が設定されており, 管制区管制所により進入管制業務が行われている空港では,

「simulated ～ approach approved, maintain VMC, report ～」

3. 上記以外（= 情報圏）で, 飛行場対空援助業務が行われている空港では,

「roger, simulated ～ approach, maintain VMC all the time, traffic ～ , QNH ～」

なお, 上記1. に関しては, IFR機に準じた管制間隔が設定される. (P.60参照)

2. 及び3. に関しては, 管制間隔は設定されないが, 関連トラフィックの情報が適宜提供される.

上記1. のようなターミナル管制所がある空港の場合は, 交通状況等により, 最終進入コースへレーダーで誘導される場合がある（パイロットが要求する場合もある). (P.94参照)

上記２．のように管制圏及び管制区管制所が設定されている空港の場合，訓練する計器進入方式の名称，始める場所・時間・終了後の飛行方法等を通報するのが望ましい．（帯広空港：和訳省略）

PIL: **Obihiro Tower, JA 23HK.**

TWR: **JA 23HK, Obihiro Tower, go ahead.**

PIL: **JA 23HK, 14 miles east of Obihiro VOR, leaving 6,100 descend to 5,000, proceed to VOR, after VOR, request simulated ILS Y runway 35 approach, full stop.**

TWR: **JA 23HK, runway 35, wind 360 at 15, QNH 2946, report 5 miles east of airport.**

PIL: **Runway 35, 2946, report 5 miles east of airport, JA 23HK.**

PIL: **Obihiro Tower, JA 23HK, 5 miles east.**

TWR: **JA 23HK, simulated ILS Y runway 35 approach approved, maintain VMC, report high station.**

PIL: **Simulated ILS Y runway 35 approach approved, report high station, JA 23HK.**

TWR: **JA 23HK, and traffic another Cirrus making simulated ILS Y runway 35 approach, approaching 10 miles south for base turn.**

PIL: **Traffic information copied, JA 23HK.**

PIL: **Obihiro Tower, JA 23HK, leaving high station.**

TWR: **JA 23HK, report starting base turn with DME.**

PIL: **Report starting base turn with DME, JA 23HK.**

PIL: **Obihiro Tower, JA 23HK, starting base turn, 9 DME.**

TWR: **JA 23HK, report established localizer.**

PIL: **Report established localizer, JA 23HK.**

PIL: **Obihiro Tower, JA 23HK, established localizer.**

TWR: **JA 23HK, roger, continue approach, runway 35, and report present DME.**

PIL: **Continue approach, now 8 DME, JA 23HK.**

TWR: **JA 23HK, roger, sequence number 2, number 1 Cirrus on middle downwind.**

PIL: **Roger, number 2, JA 23HK.**

PIL: **Obihiro Tower, JA 23HK, departed AIKOK.**

TWR: **JA 23HK, continue approach, number 1 over threshold for touch and go.**

PIL: **Continue approach, JA 23HK.**

TWR: **JA 23HK, runway 35 cleared to land, wind 360 at 13.**

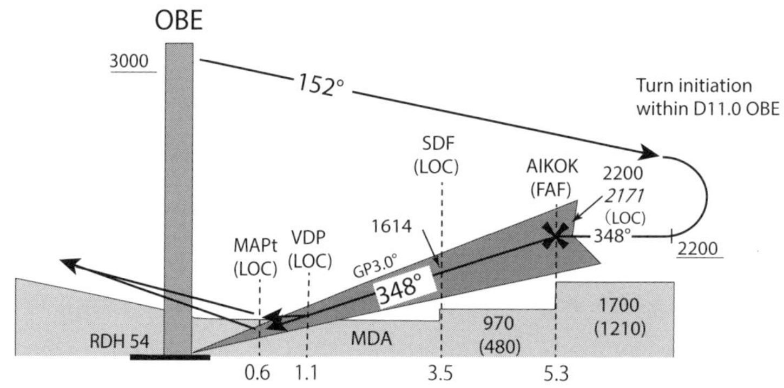

上記３．のように情報圏が設定されている空港では，模擬計器出発と同様クリアランスは発出されない．レディオに計器進入方式を通報し，交通情報を受け取り，その情報を元に他の航空機の航行に支障がないようパイロットの責任で行うこととなる．（庄内空港：和訳省略）

PIL: **Shonai Radio, JA 5811, after touch and go, left turn departure, simulated ILS Z runway 09 approach.**

AFIS: **JA 5811, roger, simulated ILS Z runway 09 approach, maintain VMC all the time, runway 09 runway is clear, wind 170 degrees at 4 knots.**

PIL: **Maintain VMC all the time, runway 09 runway is clear, JA 5811.**

AFIS: **JA 5811, report MADRA.**

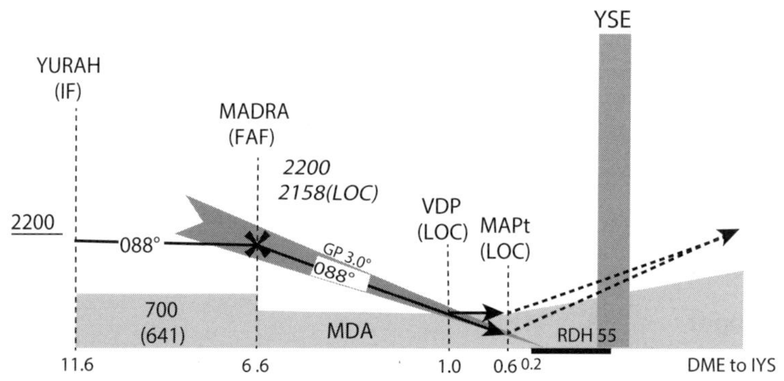

Phraseology Example 5

複数の進入機があり，進入順位が助言される場合は，以下のようになる．（P.76 参照）

TCA: JA 83MP, traffic Cirrus is holding Aioi, advise to proceed to Shioji.

TCA: JA 83MP，トラフィックはシーラス，相生上空です，塩路への進入を勧めます．

先行機に続くよう助言される場合は，以下のようになる．

TCA: JA 83MP, preceding traffic Cirrus is over Aioi, advise to follow the traffic.

TCA: JA 83MP，先行機はシーラス，相生上空です．当該トラフィックに続く進入を勧めます．

飛行場への到着機が集中する場合は，以下のようになる．

TCA: JA 83MP, Miyazaki airport congested, advise to hold over Tano.

TCA: JA 83MP，宮崎空港への到着機が集中しています．進入順位調整のため田野での待機を勧めます．

特定地点上空に航空機が集中する場合は，以下のようになる．

TCA: JA 83MP, traffic congested over Arita, advise to hold over Shioji.

TCA: JA 83MP，有田に航空機が集中しています，塩路での待機を勧めます．

着陸順位の決定は飛行場管制所が行うものであり，あくまでも周辺の航空機の輻輳を避けるための進入順位の助言であることに留意しなければならない．

Phraseology Example 6

航空機は，IMC 状況下で管制区・管制圏・情報圏を飛行する場合は，原則として（天候悪化，国土交通大臣の許可を受けた場合，その他やむを得ない場合以外は）計器飛行方式によらなければならない．飛行場が IMC の場合 VFR での着陸は認められないが，Special VFR（特別有視界飛行）の航空機に関しては，航空機からの要求によって認められる場合がある．

Special VFR とは，IMC であっても地上視程が 1,500 メートル以上である場合に，管制圏内（及び情報圏）を飛行できる方式である．（宮崎空港）

TCA: Kagoshima TCA, broadcast, field IMC, visibility 4,000 meters, BKN 1,500.

PIL: Kagoshima TCA, JA 78MH, request contact Tower for special VFR landing.

TCA: JA 78MH, squawk VFR, contact Tower 118.3.

PIL: JA 78MH, squawk VFR, contact Tower 118.3.

PIL: Miyazaki Tower, JA 78MH, information P.

TWR: JA 78MH, Miyazaki Tower, go ahead.

PIL: JA 78MH, over Shioji, maintain 800, request special VFR clearance for landing.

TWR: JA 78MH, keep out of control zone, field IMC, stand by special VFR clearance due to 2 inbound traffic, use caution.

PIL: JA 78MH, keep out of control zone, stand by clearance.

TWR: JA 78MH, cleared to enter control zone 6 miles north of the airport, maintain special VFR conditions while in control zone, report left downwind, runway 09.

TCA: 鹿児島 TCA です，IMC です，視程 4,000 メートル，雲量 BKN 1,500 フィート．

PIL: 鹿児島 TCA，JA 78MH，スペシャル VFR での着陸のためタワーとの交信を要求します．

TCA: JA 78MH，VFR コードを送って下さい，118.3 で宮崎タワーと交信して下さい．

PIL: JA 78MH，VFR コードを送ります，118.3 で宮崎タワーと交信します．

PIL: 宮崎タワー，JA 78MH です，インフォメーション P.

TWR: JA 78MH，宮崎タワーです，どうぞ．

PIL: JA 78MH，塩路上空，800 フィート，スペシャル VFR での着陸を要求します．

TWR: JA 78MH，管制圏の外側にいて下さい，IMC です，2 機の到着機のため，スペシャル VFR のクリアランスはお待ち下さい，気をつけて下さい．

PIL: JA 78MH，管制圏の外側にいます，クリアランスを待ちます．

TWR: JA 78MH，飛行場の北 6 マイルからの特別有視界飛行方式による飛行を許可します，管制圏内では特別有視界飛行基準を維持して下さい，左ダウンウインドで通報して下さい，滑走路 09.

通常，飛行場がIMCの場合，通信設定時にIMCである旨が通報される（field IMC, ceiling ～ , visibility ～）ので，Special VFRが可能かどうかをパイロットが判断の上，管制機関等に要求（例；request Special VFR landing / clearance）する．

なお，気象状態が要件未満である場合は，「Miyazaki airport is below special VFR weather minimum」（宮崎空港は，特別有視界飛行方式の最低気象条件未満です），発出できない場合は，「unable to issue special VFR clearance」（特別有視界飛行方式の許可は発出できません）が通報される．（P.32参照）

Special VFRの許可が出たとしても，そのクリアランスは着陸の許可までは含んでないので，着陸許可は別途要求しなければならない．

Special VFRが許可された場合，以下を遵守しなければならない．

- 雲から離れて飛行する
- 1,500メートル以上の飛行視程を維持する
- 地表又は水面を視認する
- 管制機関と連絡を保つこと
（情報圏の場合は飛行場対空援助業務実施機関を経由）

地上視程が1,500メートル未満になった場合，緊急状態でない限りSpecial VFRでの着陸はできない．その場合，1,500メートルの飛行視程を維持して管制圏（情報圏）を離脱できる場合は管制圏を離脱し，できない場合（又は緊急状態の場合）はSpecial VFRによる着陸が許可される（P.60参照）．なお，Special VFRによる飛行は，原則としてIFR機に支障がない範囲において認められるので，直ぐに許可することができない場合は，「hold over Shioji due to inbound IFR traffic, expect 10 minutes delay」のように遅延に関する情報が提供される．

IMC（Instrument Meteorological Conditions）とは計器気象状態のことであり，VMC（有視界気象状態）以外の，視界が不良な状態をいう．VMC（Visual Meteorological Conditions）とは，以下の条件を満たす気象状態である．

1．3,000メートル以上の高度で飛行する航空機については，
- 飛行視程が8,000メートル以上
- 航空機からの垂直距離が上方及び下方に300メートルである範囲内に雲がないこと
- 航空機からの水平距離が1,500メートルである範囲内に雲がないこと

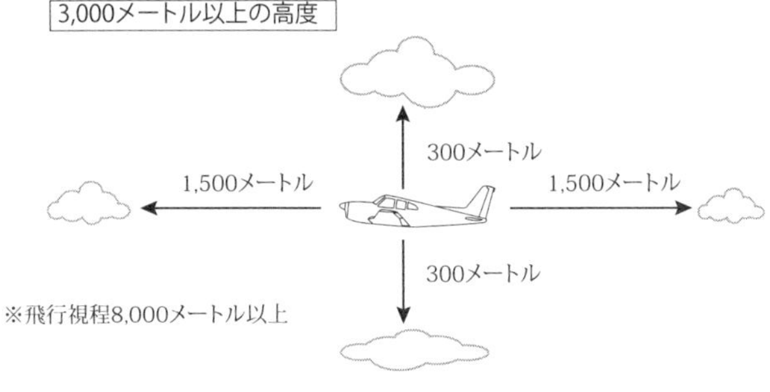

2．3,000 メートル未満の高度で飛行する航空機については，

- 飛行視程が，管制区，管制圏，情報圏を飛行する場合　5,000 メートル以上
  管制区，管制圏，情報圏以外を飛行する場合　1,500 メートル以上
- 航空機からの垂直距離が上方 150 メートル，下方に 300 メートルである範囲内に雲がないこと
- 航空機からの水平距離が 600 メートルである範囲内に雲がないこと

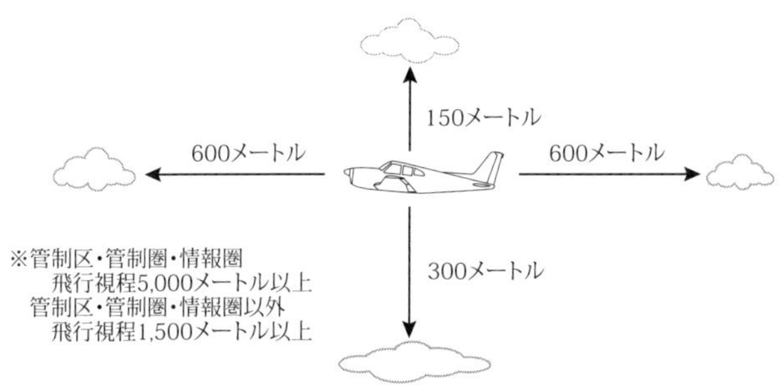

3．地表又は水面から 300 メートル以下の高度で飛行する航空機で，管制区，管制圏，情報圏以外を飛行する場合については，

- 飛行視程が 1,500 メートル以上
- 航空機が雲から離れて飛行でき，かつ操縦者が地表又は水面を引き続き視認することができる気象状態

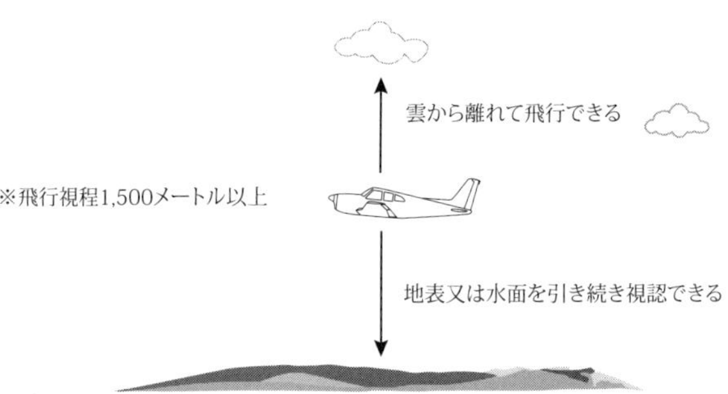

4．管制圏又は情報圏内にある飛行場及び管制圏及び情報圏外にある国土交通大臣が告示で指定した飛行場で VFR により離着陸するためには，飛行場の気象状態が，

- 地上視程が 5,000 メートル以上
- 雲高が地表又は水面から 300 メートル以上

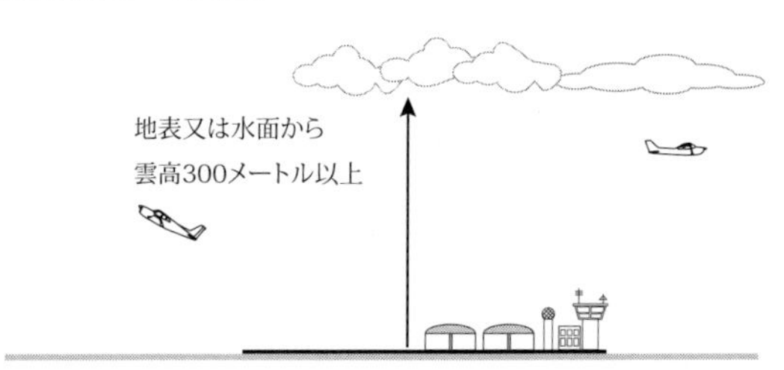

PART.5.

野外飛行

UNIT.1. Radar Service

\- レーダーサービス -

Words & Phrases

radar contact レーダーコンタクト	radar contact lost レーダーコンタクトロスト
not yet in radar contact レーダーコンタクトできません	radar service terminated レーダー業務を終了します
unable TCA advisory TCA アドバイザリーはできません	TCA advisory terminated TCA アドバイザリー業務を終了します
contact TCA TCA と交信して下さい	TCA frequency ~ TCA 周波数は～です

Introduction

小型機の性能が向上して，IFR で飛行する飛行空域とほとんど変わらなくなっていること，航空機の高速化によって目視による衝突の回避が困難なことから，VFR 機もレーダーサービスを受けることが望ましい．

レーダー交通情報の提供

航空機の要求に基づくレーダー誘導

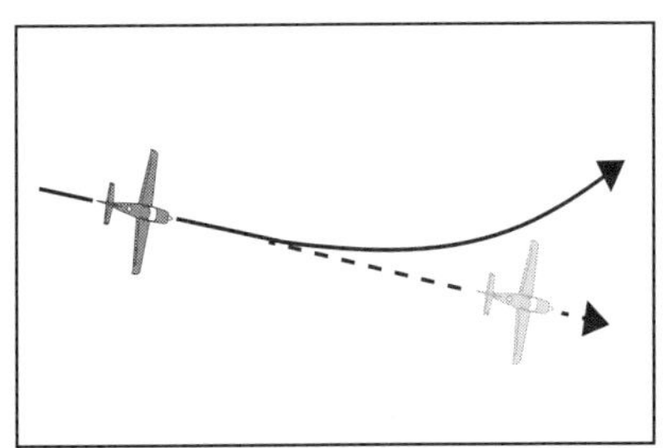

航空機の位置情報の提供

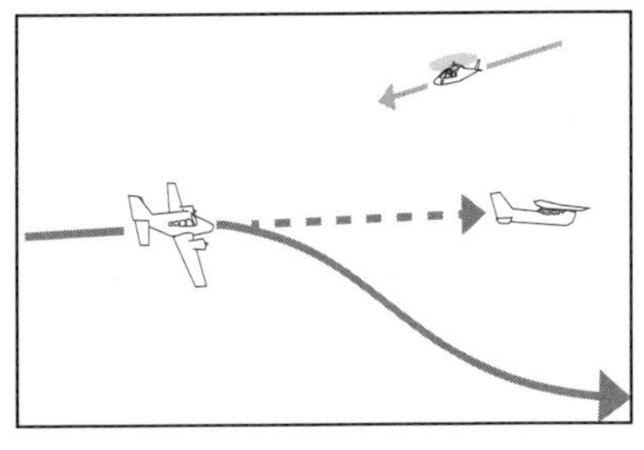

進入順位及び待機の助言

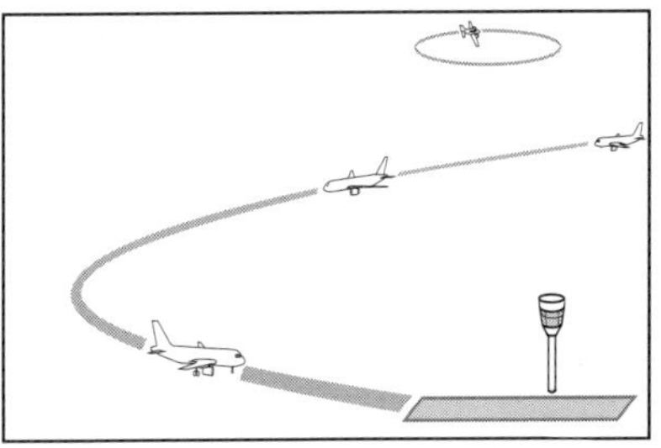

1. TCA（Terminal Control Area）

TCAとは進入管制区のうちVFR機の交通量の多いところに設定される空域で，VFR機向けにTCAアドバイザリーを提供している．TCAとの交信は義務ではないが，可能な限り通信を設定し，レーダーサービスを受けることが望ましい．

TCAアドバイザリーを希望する場合は，以下の方法がある．

1．出発前，地上走行を要求する時に要求する（出発時にコード指定）

2．離陸後エリアに入ってTCA席と通信設定をする時に直接要求する（入域前後にコード指定）

Typical Exchanges

＊離陸後，TCAに入域する時

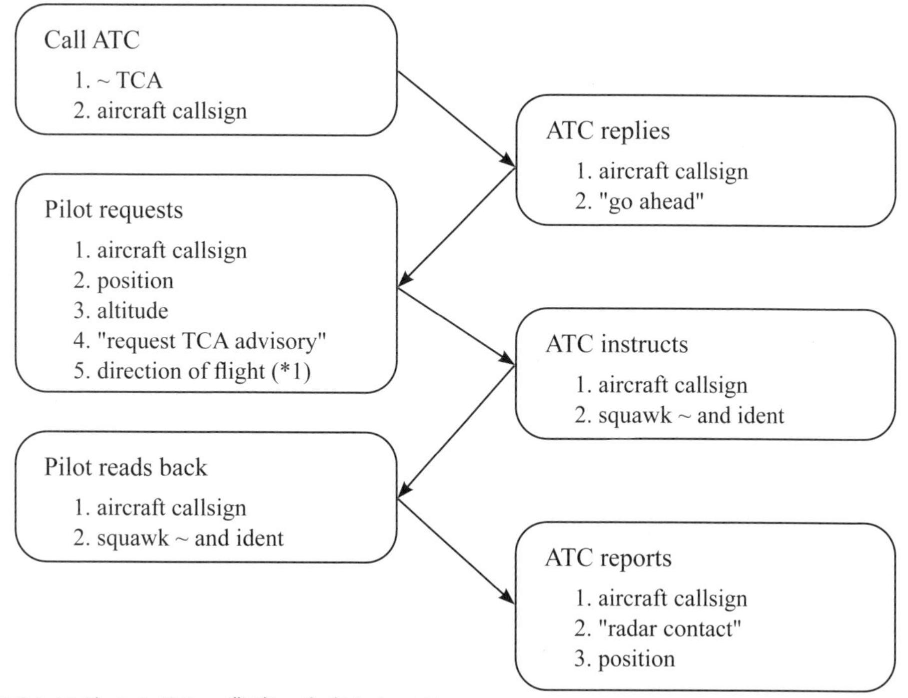

TCAアドバイザリー業務の内容としては，

・レーダー交通情報の提供
・航空機の要求に基づくレーダー誘導
・航空機の位置情報の提供
・進入順位及び待機の助言（P.71を参照のこと）

がある．なお，レーダー管制機関においては通常VFR機に対してフライトプランを掌握していない場合もあるため，(*1) の飛行方向（direction of flight）の代わりに必要に応じて飛行予定を通報する場合もある．

Phraseology Example 1

宮崎空港から訓練エリアへ向けて飛行する場合，出発前にグランドに対してTCAを要求する．通常，コールサイン，TCAアドバイザリーを要求する旨，飛行方向（又は飛行経路），その他必要な事項を適宜通報する．

なお，TCAとの通信設定（入域，出域，通過等）は，コールサイン，航空機型式，TCAアドバイザリーを要求する旨，現在位置，高度（維持高度・上昇高度・降下高度），飛行方向（又は飛行経路），その他必要な事項を，適宜通報する．（宮崎空港）

PIL: **Miyazaki Ground, JA 74MD, information C.**

GND: **JA 74MD, Miyazaki Ground, go ahead.**

PIL: **JA 74MD, at CAC, request taxi and TCA advisory southbound.**

GND: **JA 74MD, squawk 1452, taxi to holding point runway 27.**

PIL: **JA 74MD, taxi to holding point runway 27, squawk 1452.**

GND: **JA 74MD, contact Tower 118.3 when ready.**

PIL: **JA 74MD, contact Tower 118.3 when ready.**

PIL: **Miyazaki Tower, JA 74MD, at N-4, ready, request left turn departure southbound.**

TWR: **JA 74MD, Miyazaki Tower, left turn approved, wind 210 at 8, runway 27 at N-4 cleared for take-off.**

PIL: **JA 74MD, left turn approved, runway 27 at N-4 cleared for take-off.**

PIL: **Miyazaki Tower, JA 74MD, 3 miles south, 2,800 climbing to 4,500, leaving control zone.**

TWR: **JA 74MD, contact Kagoshima TCA 121.25.**

PIL: **JA 74MD, contact Kagoshima TCA 121.25.**

PIL: **Kagoshima TCA, JA 74MD.**

TCA: **JA 74MD, Kagoshima TCA, go ahead.**

PIL: **JA 74MD, 4 miles south of airport, 3,500 climbing to 4,500, going to KS 4-2-20, 35, and 50, request TCA advisory.**

TCA: **JA 74MD, ident.**

PIL: **JA 74MD, ident.**

TCA: **JA 74MD, radar contact, 4 miles south of Miyazaki, report entering KS 4-2-20, 35, and 50.**

PIL: **JA 74MD, report entering KS 4-2-20, 35, and 50.**

PIL:　宮崎グランド，JA 74MD です，インフォメーション C.

GND: JA 74MD，宮崎グランドです，どうぞ.

PIL:　JA 74MD，現在 CAC エプロン，地上走行と TCA アドバイザリーを要求します，飛行方向は南です.

GND: JA 74MD，1452 を送って下さい，滑走路 27 の滑走路停止位置まで地上走行して下さい.

PIL:　JA 74MD，滑走路 27 の滑走路停止位置まで地上走行します，1452 を送ります.

GND: JA 74MD，準備ができた時，118.3 でタワーと交信して下さい.

PIL:　JA 74MD，準備ができた時，118.3 でタワーと交信します.

PIL:　宮崎タワー，JA 74MD です，現在 N-4，離陸準備完了，レフトターンデパーチャーを要求します，飛行方向は南です.

TWR: JA 74MD，宮崎タワーです，左旋回許可します，風向 210 度 8 ノット，（滑走路 27 の）N-4，離陸支障ありません.

PIL:　JA 74MD，左旋回許可，（滑走路 27 の）N-4，離陸支障なし.

PIL:　宮崎タワー，JA 74MD，宮崎空港の南 3 マイル，2,800 フィートから 4,500 フィートへ上昇中です，管制圏を離脱します.

TWR: JA 74MD，121.25 で鹿児島 TCA と交信して下さい.

PIL:　JA 74MD，121.25 で鹿児島 TCA と交信します.

PIL:　鹿児島 TCA，JA 74MD です.

TCA: JA 74MD，鹿児島 TCA です，どうぞ.

PIL:　JA 74MD，宮崎空港の南 4 マイル，3,500 フィートから 4,500 フィートへ上昇中です，訓練空域 KS 4-2-20, 35, 50 へ向かいます，TCA アドバイザリーを要求します.

TCA: JA 74MD，アイデントを送って下さい.

PIL:　JA 74MD，アイデントを送ります.

TCA: JA 74MD，レーダーコンタクト，空港の南 4 マイル，訓練空域 KS 4-2-20, 35, 50 に入域する時に通報して下さい.

PIL:　JA 74MD，訓練空域 KS 4-2-20, 35, 50 に入域する時に通報します.

管制圏外へ出て，位置と高度を通報すると，上記のようにトランスポンダーのアイデント機能の操作指示があった後，レーダー識別されサービスが開始される.

また，位置と高度を通報すると，直ぐに「radar contact」と識別されてサービスが開始される場合もある.

PIL:　JA 74MD, 3 miles south of airport, 3,500 climbing to 4,500, proceed to KS 4-2-20, 35, and 50, request TCA advisory.

TCA:　JA 74MD, radar contact, report entering KS 4-2-20, 35, and 50.

PIL:　JA 74MD，宮崎空港の南 3 マイル，3,500 フィートから 4,500 フィートへ上昇中です，訓練空域 KS 4-2-20, 35, 50 へ向かいます，TCA アドバイザリーを要求します.

TCA: JA 74MD，レーダーコンタクト，訓練空域 KS 4-2-20, 35, 50 に入域する時に通報して下さい.

Phraseology Example 2

管制圏内でトランスポンダーを1200にしてタッチアンドゴー等の訓練を行い，その後，TCAに入域する場合は，以下のようになる．（宮崎空港）

PIL: **Miyazaki Tower, JA 72MB, turning base, after touch and go, request left turn departure southbound.**

TWR: **JA 72MB, runway 27 cleared touch and go, wind 250 at 8, after touch and go, left turn approved.**

PIL: **Runway 27 cleared touch and go, left turn approved, JA 72MB.**

TWR: **JA 72MB, squawk 1433.**

PIL: **Squawk 1433, JA 72MB.**

PIL: **Miyazaki Tower, JA 72MB, leaving control zone.**

TWR: **JA 72MB, contact Kagoshima TCA 121.25.**

PIL: **Contact Kagoshima TCA 121.25, JA 72MB.**

PIL: **Kagoshima TCA, JA 72MB.**

TCA: **JA 72MB, Kagoshima TCA, go ahead.**

PIL: **JA 72MB, 4 miles southeast of Miyazaki, leaving 3,200 climbing 4,000, going to KS 4-2-20, 35, and 50, request TCA advisory.**

TCA: **JA 72MB, ident.**

PIL: **Ident, JA 72MB.**

TCA: **JA 72MB, radar contact, 5 miles southeast of airport, altitude readout 3,600, no traffic, report entering KS 4-2-20, 35, and 50.**

PIL: **Report entering KS 4-2-20, 35, and 50, JA 72MB.**

PIL: 宮崎タワー，JA 72MB，ベースを旋回中です，タッチアンドゴーの後，レフトターンデパーチャーを要求します，飛行方向は南です．

TWR: JA 72MB，滑走路27，タッチアンドゴー支障ありません，風向250度8ノット，タッチアンドゴーの後，左旋回許可します．

PIL: 滑走路27，タッチアンドゴー支障なし，左旋回許可，JA 72MB.

TWR: JA 72MB，1433を送って下さい．

PIL: 1433を送ります，JA 72MB.

PIL: 宮崎タワー，JA 72MB，管制圏を離脱します．

TWR: JA 72MB，121.25で鹿児島TCAと交信して下さい．

PIL: 121.25で鹿児島TCAと交信します，JA 72MB.

PIL: 鹿児島 TCA，JA 72MB です．

TCA: JA 72MB，鹿児島 TCA です，どうぞ．

PIL: JA 72MB, 宮崎空港の南東 4 マイル, 3,200 フィートから 4,000 フィートへ上昇中です, 訓練空域 KS 4-2-20, 35, 50 へ向かいます，TCA アドバイザリーを要求します．

TCA: JA 72MB，アイデントを送って下さい．

PIL: アイデントを送ります，JA 72MB.

TCA: JA 72MB，レーダーコンタクト，空港の南東 5 マイル，表示高度は 3,600 フィートです，付近にトラフィックはありません，訓練空域 KS 4-2-20, 35, 50 に入域する時に通報して下さい．

PIL: 訓練空域 KS 4-2-20, 35, 50 に入域する時に通報します，JA 72MB.

TCA 席にてコードが伝えられる場合もある．

PIL: Miyazaki Tower, JA 72MB, 3 miles southeast, leaving 2,900 climbing 4,000, leaving control zone.

TWR: JA 72MB, contact Kagoshima TCA.

PIL: Contact Kagoshima TCA, JA 72MB.

PIL: Kagoshima TCA, JA 72MB.

TCA: JA 72MB, Kagoshima TCA, go ahead.

PIL: JA 72MB, 4 miles southeast of Miyazaki, leaving 3,200 climbing 4,000, going to KS 4-2-20, 35, and 50, request TCA advisory.

TCA: JA 72MB, squawk 1433 (and ident).

PIL: Squawk 1433 (and ident), JA 72MB.

TCA: JA 72MB, radar contact, 5 miles southeast of airport, altitude readout 3,600, no traffic, report entering KS 4-2-20, 35, and 50.

PIL: 宮崎タワー，JA 72MB，宮崎空港の南東 3 マイル，2,900 フィートから 4,000 フィートへ上昇中です，管制圏を離脱します．

TWR: JA 72MB，鹿児島 TCA と交信して下さい．

PIL: 鹿児島 TCA と交信します，JA 72MB.

PIL: 鹿児島 TCA，JA 72MB です．

TCA: JA 72MB，鹿児島 TCA です，どうぞ．

PIL: JA 72MB, 宮崎空港の南東 4 マイル, 3,200 フィートから 4,000 フィートへ上昇中です, 訓練空域 KS 4-2-20, 35, 50 へ向かいます，TCA アドバイザリーを要求します．

TCA: JA 72MB，1433（とアイデント）を送って下さい．

PIL: 1433（とアイデント）を送ります，JA 72MB.

TCA: JA 72MB，レーダーコンタクト，空港の南東 5 マイル，表示高度は 3,600 フィートです，付近にトラフィックはありません，訓練空域 KS 4-2-20, 35, 50 に入域する時に通報して下さい．

Phraseology Example 3

TCA サービスは，管制空域を出域した場合，パイロットが要求したレーダーサービスの内容を終了した場合，又は機器の故障によりサービスが困難になった場合に，業務終了の通報「TCA advisory terminated」の用語によって終了する．なお，（同一ターミナル管制機関内の）飛行場管制所と通信を設定するよう指示された場合は業務終了の通報が省略される場合もある．空港への到着機の場合は，目視位置通報点，又は空港の視認によって終わる場合が多い．（宮崎空港）

PIL: Kagoshima TCA, JA 74MD, entering KS 4-2-20, 35, and 50 at 0040.

TCA: JA 74MD, report leaving.

PIL: JA 74MD, report leaving.

PIL: Kagoshima TCA, JA 74MD, leaving KS 4-2-20, 35, and 50 at 0125, return back to Miyazaki airport via Shirahama, (request TCA advisory).

TCA: JA 74MD, report Shirahama in sight.

PIL: JA 74MD, report Shirahama in sight.

PIL: Kagoshima TCA, JA 74MD, Shirahama in sight.

TCA: JA 74MD, remain this squawk, contact Miyazaki Tower 118.3.

PIL: JA 74MD, remain this squawk, contact Miyazaki Tower 118.3.

PIL: 鹿児島 TCA，JA 74MD，訓練空域 KS 4-2-20, 35, 50 に 0040 に入域しました．

TCA: JA 74MD，（訓練空域を）出域する時に通報して下さい．

PIL: JA 74MD，（訓練空域を）出域する時に通報します．

PIL: 鹿児島 TCA，JA 74MD，訓練空域 KS 4-2-20, 35, 50 を 0125 に出域します，白浜経由で宮崎空港に帰ります，（TCA アドバイザリーを要求します）．

TCA: JA 74MD，白浜を視認したら通報して下さい．

PIL: JA 74MD，白浜を視認したら通報します．

PIL: 鹿児島 TCA，JA 74MD，白浜を視認しました．

TCA: JA 74MD，コードはそのままにして下さい，118.3 で宮崎タワーと交信して下さい．

PIL: JA 74MD，コードはそのままにします，118.3 で宮崎タワーと交信します．

上記のような「remain squawk」等の用語によりコードを変更しないよう指示がある場合のほか，VFR コードへ切りかえる指示によりサービスが終了する場合は，以下のようになる．

TCA: JA 81ML, 1 mile west of Arita, squawk VFR, contact Miyazaki Tower 118.3.

TCA: JA 81ML，有田の西 1 マイル，VFR コードを送って下さい，118.3 で宮崎タワーと交信して下さい．

Phraseology Example 4

「radar contact lost」が通報された後，再びレーダー識別が行われる場合は，以下のようになる．

なお，TCA サービス中に，高度・針路を変更する場合は，必要に応じその旨伝えるのが望ましい．（宮崎空港）

PIL: Kagoshima TCA, JA 81ML, (31 miles west of Miyazaki, 5,500, return to Miyazaki airport via Arita).

TCA: JA 81ML, Kagoshima TCA, continue TCA advisory, report Arita in sight.

PIL: Report Arita in sight, JA 81ML.

PIL: Kagoshima TCA, JA 81ML, leaving 5,500 descending 1,500.

TCA: JA 81ML, roger.

TCA: JA 81ML, radar contact lost.

PIL: Roger, JA 81ML.

TCA: JA 81ML, ident.

PIL: Ident, JA 81ML.

TCA: JA 81ML, radar contact, 15 miles northwest of Miyazaki, altitude readout 2,500, no traffic, report Arita in sight.

PIL: 鹿児島 TCA，JA 81ML です，（宮崎空港の西 31 マイル，5,500 フォートを維持しています，有田経由で宮崎空港に帰ります）．

TCA: JA 81ML，鹿児島 TCA です，TCA アドバイザリー業務を続けます，有田を視認したら通報して下さい．

PIL: 有田を視認したら通報します，JA 81ML．

PIL: 鹿児島 TCA，JA 81ML，5,500 フィートから 1,500 フィートへ降下します．

TCA: JA 81ML，了解．

TCA: JA 81ML，レーダーコンタクトロスト．

PIL: 了解，JA 81ML．

TCA: JA 81ML，アイデントを送って下さい．

PIL: アイデントを送ります，JA 81ML．

TCA: JA 81ML，レーダーコンタクト，宮崎空港の北西 15 マイル，表示高度は 2,500 フィートです，付近にトラフィックはありません，有田を視認したら通報して下さい．

宮崎周辺の訓練空域

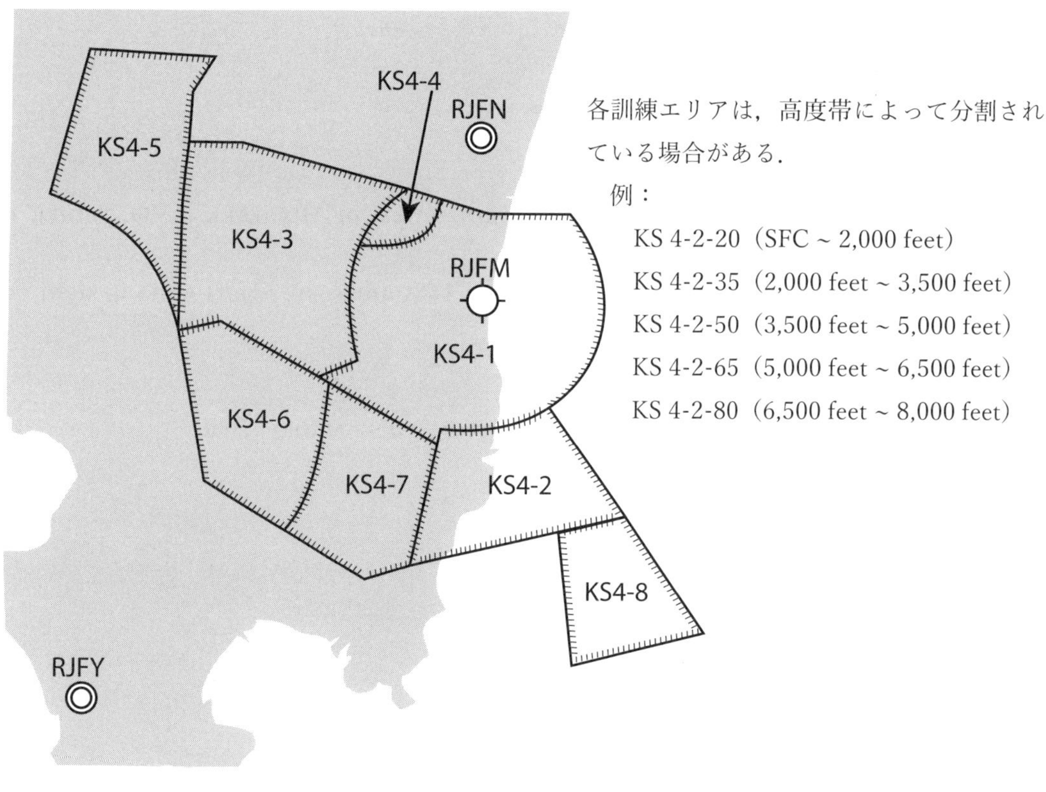

各訓練エリアは，高度帯によって分割されている場合がある．

例：

KS 4-2-20（SFC ~ 2,000 feet）
KS 4-2-35（2,000 feet ~ 3,500 feet）
KS 4-2-50（3,500 feet ~ 5,000 feet）
KS 4-2-65（5,000 feet ~ 6,500 feet）
KS 4-2-80（6,500 feet ~ 8,000 feet）

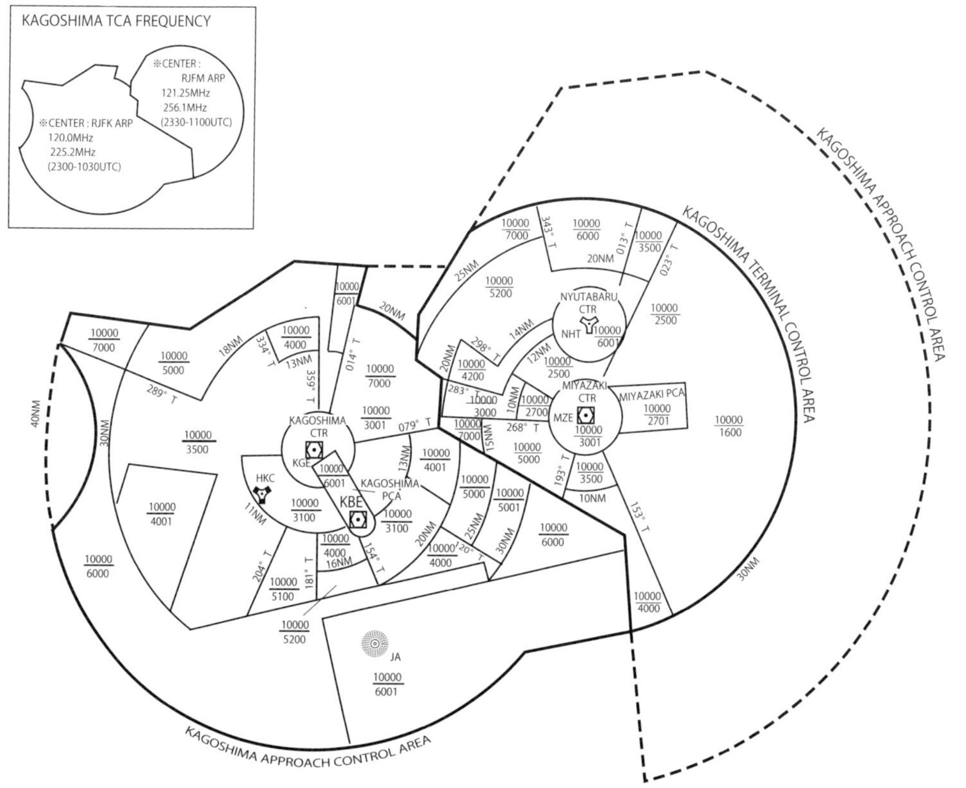

2. 航空交通管制区（Control Area）

航空交通管制区では，通常，レーダーによって，IFR 機に対して航空路管制業務及び進入管制業務が行われている．VFR 機に対するレーダーサービスは，業務上支障がない範囲内で行われるのみであるが，可能な限り受けるようにする．

Phraseology Example 1

帯広空港から釧路空港へVFRで飛行する場合は，以下のようになる．VFR機は通常，レーダー管制機関との通信設定を指示されないが，自主的に呼び込みを行って通信設定をする．

イニシャルコンタクトは通常と同じであるが，VFRである旨を通報することが望ましい．（帯広空港→釧路空港）

PIL: **Sapporo Control, JA 013C, VFR.**

ACC: **JA 013C, Sapporo Control, go ahead.**

PIL: **JA 013C, 8 miles east of Obihiro VOR, maintain 3,500, VFR to Kushiro airport, request radar traffic advisory.**

ACC: **JA 013C, squawk 1145 and ident.**

PIL: **Squawk 1145 and ident, JA 013C.**

ACC: **JA 013C, radar contact, 10 miles east of Obihiro, report altitude.**

PIL: **Maintain 3,500, JA 013C.**

ACC: **JA 013C, area QNH 2938, maintain VMC.**

PIL: **Area QNH 2938, maintain VMC, JA 013C.**

PIL: 札幌コントロール，JA 013C です，VFR で飛行中です．

ACC: JA 013C，札幌コントロールです，どうぞ．

PIL: JA 013C，帯広 VOR の東 8 マイル，3,500 フィートを維持しています，VFR により釧路空港へ向かいます，レーダーアドバイザリー業務を要求します．

ACC: JA 013C，1145 とアイデントを送って下さい．

PIL: 1145 とアイデントを送ります，JA 013C．

ACC: JA 013C，レーダーコンタクト，帯広 VOR の東 10 マイル，高度を知らせて下さい．

PIL: 3,500 フィートを維持しています，JA 013C．

ACC: JA 013C，空域 QNH 2938，VMC を維持して下さい．

PIL: 空域 QNH 2938，VMC を維持します，JA 013C．

Phraseology Example 2

レーダーサービスは，管制空域を出域した場合，又はパイロットが要求したレーダーサービスの内容を終了した場合，「radar service terminated」の用語によって終了する．（帯広空港→釧路空港）

PIL: Sapporo Control, JA 013C, leaving 3,500 descending 2,200.
ACC: JA 013C, roger.

PIL: Sapporo Control, JA 013C.
ACC: JA 013C, go ahead.
PIL: JA 013C, approaching Kushiro airport, leave your frequency.
ACC: JA 013C, radar service terminated, squawk VFR, frequency change approved.
PIL: Squawk VFR, frequency change approved, JA 013C.

PIL: 札幌コントロール，JA 013C，3,500 フィートから 2,200 フィートへ降下中です．
ACC: JA 013C，了解．

PIL: 札幌コントロール，JA 013C.
ACC: JA 013C，どうぞ．
PIL: JA 013C，釧路空港へ近づきました，この周波数を離れます．
ACC: JA 013C，レーダー業務を終了します，VFR コードを送って下さい，周波数の変更を許可します．
PIL: VFR コードを送ります，周波数の変更を許可，JA 013C.

現在のところ，VFR 機に対するレーダー業務は自動的に隣接する管制機関には引き継がれないため，引き続きレーダー業務を希望する場合は改めて通信を設定しなければならない．しかし，「JA 013C, contact Chitose Approach 120.1」等と新たなレーダー管制機関との通信設定を指示される場合もあるので，この場合は速やかに通信設定を行う（この場合 squawk は別途指示がない限りは変更しないようにする）．

また，「JA 013C, radar service terminated, contact Kushiro Tower 118.05」のように，レーダーサービスを実施していない管制機関への周波数の変更指示が付随する場合がある．この場合，関連航空機についての追加情報が，指示を受けた管制機関より伝送される場合もあるので，速やかに通信設定する．

PIL: Sapporo Control, JA 013C, leaving 3,500 descending to 2,200.
ACC: JA 013C, roger.

ACC: JA 013C, IFR traffic, 5 miles west of Kushiro VOR, altitude 3,000 descending, radar service terminated, squawk VFR, contact Kushiro Tower.
PIL: JA 013C, information copy, squawk VFR, contact Kushiro Tower.

PIL:　札幌コントロール，JA 013C，3,500 フィートから 2,200 フィートへ降下中です.
ACC:　JA 013C，了解.

ACC:　JA 013C, IFR トラフィック, 釧路 VOR の西 5 マイル, 高度 3,000 フィートから降下中, レーダー業務を終了します，VFR コードを送って下さい，釧路タワーと交信して下さい.
PIL:　JA 013C，情報コピーしました，VFR コードを送ります，釧路タワー と交信します.

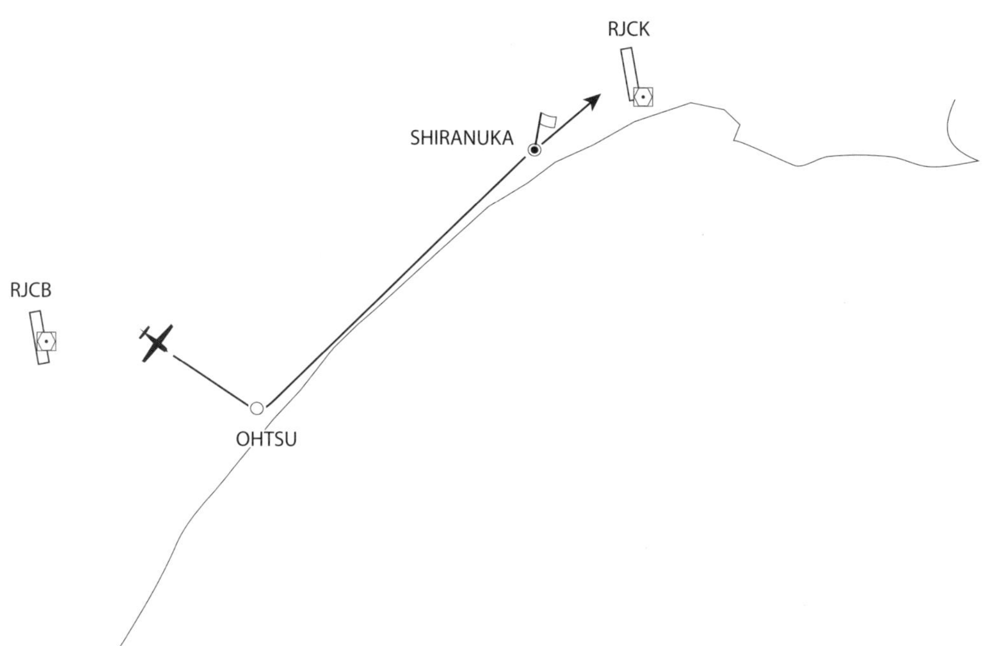

Phraseology Example 3

自機からレーダーサービス終了を要求する場合には，Phraseology Example 2 のような言い方のほか，「request frequency change」の用語等を用いればよい．（帯広空港→中標津空港）

PIL: Sapporo Control, JA 016C, VFR.

ACC: JA 016C, Sapporo Control, go ahead.

PIL: JA 016C, 18 miles east of Obihiro airport, maintain 5,500, VFR to Nakashibetsu airport, request radar traffic advisory.

ACC: JA 016C, squawk 1147.

PIL: Squawk 1147, JA 016C.

ACC: JA 016C, radar contact, 20 miles east of Obihiro VOR, area QNH 2964, maintain VMC.

PIL: Area QNH 2964, maintain VMC, JA 016C.

PIL: Sapporo Control, JA 016C, leaving 5,500 descending to 3,400.

ACC: JA 016C, roger.

PIL: Sapporo Control, JA 016C, 43 miles south of Nakashibetsu airport, request frequency change.

ACC: JA 016C, radar service terminated, squawk 1200, frequency change approved.

PIL: 札幌コントロール，JA 016C です，VFR で飛行中です．

ACC: JA 016C，札幌コントロールです，どうぞ．

PIL: JA 016C，帯広空港の東 18 マイル，5,500 フィートを維持しています，VFR により中標津空港へ向かいます，レーダーアドバイザリー業務を要求します．

ACC: JA 016C，1147 を送って下さい．

PIL: 1147 を送ります，JA 016C.

ACC: JA 016C，レーダーコンタクト，帯広 VOR の東 20 マイル，空域 QNH 2964，VMC を維持して下さい．

PIL: 空域 QNH 2964，VMC を維持します，JA 016C.

PIL: 札幌コントロール，JA 016C，5,500 フィートから 3,400 フィートへ降下中です．

ACC: JA 016C，了解．

PIL: 札幌コントロール，JA 016C，中標津空港の南 43 マイル，周波数の変更を要求します．

ACC: JA 016C，レーダー業務を終了します，1200 を送って下さい，周波数の変更を許可します．

Phraseology Example 3

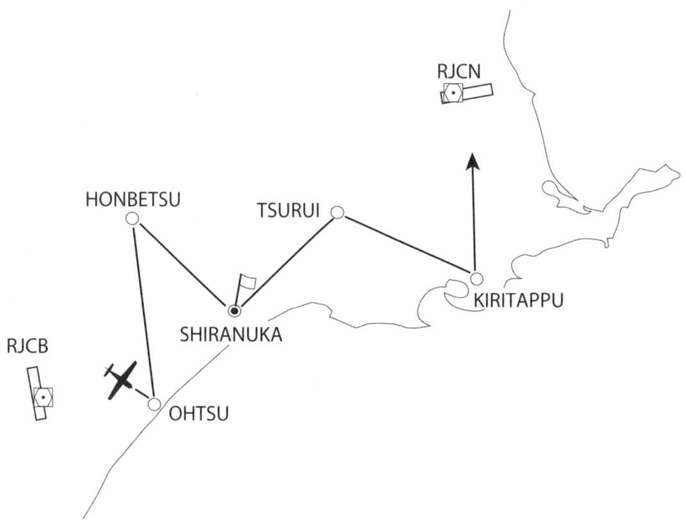

Phraseology Example 4

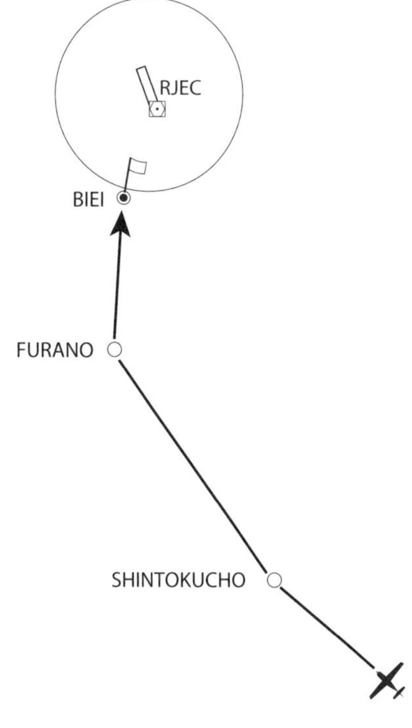

Phraseology Example 4

レーダー管制機関においては，VFR 機に関するフライトプランを掌握していない場合もあるため，必要に応じて飛行予定を通報する場合もある．（帯広空港→旭川空港）

PIL: **Sapporo Control, JA 017C, VFR.**

ACC: **JA 017C, Sapporo Control, go ahead.**

PIL: **JA 017C, 4 miles northwest of Obihiro airport, leaving 5,300 climb to 6,500, VFR to Asahikawa airport, request radar traffic advisory.**

ACC: **JA 017C, squawk 1144.**

PIL: **Squawk 1144, JA 017C.**

ACC: **JA 017C, radar contact, 5 miles northwest of Obihiro, area QNH 2990, report altitude.**

PIL: **Area QNH 2990, now leaving 6,300, JA 017C.**

ACC: **JA 017C, request route of flight.**

PIL: **JA 017C, proceed to Asahikawa airport via Shintokucho, Furano, Biei.**

ACC: **JA 017C, roger, no traffic.**

ACC: **JA 017C, contact Sapporo Control 132.6.**

PIL: 札幌コントロール，JA 017C です，VFR で飛行中です．

ACC: JA 017C，札幌コントロールです，どうぞ．

PIL: JA 017C, 帯広空港の北西 4 マイル, 5,300 フィートから 6,500 フィートへ上昇中です，VFR により旭川空港へ向かいます，レーダーアドバイザリー業務を要求します．

ACC: JA 017C，1144 を送って下さい．

PIL: 1144 を送ります，JA 017C.

ACC: JA 017C，レーダーコンタクト，帯広空港の北西 5 マイル，空域 QNH 2990，高度を知らせて下さい．

PIL: 空域 QNH 2990，6,300 フィートを通過しています，JA 017C.

ACC: JA 017C，飛行経路を教えて下さい．

PIL: JA 017C，新得町，富良野，美瑛を経由して旭川空港へ向かいます．

ACC: JA 017C，了解，付近にトラフィックはありません．

ACC: JA 017C，132.6 で札幌コントロールと交信して下さい．

UNIT.2. Radar Vectoring

- レーダー誘導 -

Words & Phrases

turn left (right) heading ~ 左（右）旋回針路～	report heading 針路を知らせて下さい
fly heading ~ 針路～を飛行して下さい	leave ~ heading ~ ～を針路～で出発して下さい
continue present heading 現針路で飛行して下さい	
climb and maintain ~ 上昇して～を維持して下さい	descend and maintain ~ 降下して～を維持して下さい
report leaving (reaching) ~ ～を離脱（到達）したら報告して下さい	report altitude 高度を知らせて下さい
resume own navigation (*1) 通常航法に戻って下さい	
leaving ~ TCA, resume own navigation ～ TCA を離脱するので，通常航法に戻って下さい	

＊ (*1)「resume own navigation」で表される通常航法とは，パイロットナビゲーション（pilot navigation）のことであり，航空機の水平方向の航法で，パイロットがヘディングを決めて行う飛行方法（レーダー誘導以外の飛行のこと）である．

Introduction

VFR 機に対するレーダー誘導の誘導目標は，管制機関のレーダーディスプレイ上で確認できる地点である．障害物からの間隔維持，VMC の維持等，法規上の義務は同様である．

レーダー誘導（PCA を飛行する VFR 機を除く）は，

1．パイロットが要求した場合に管制上支障がない場合
2．管制官が誘導を示唆してパイロットがそれに同意した場合
3．VFR 機の誘導方式が設定されている場合

に行われる．

その方法は IFR 機に対するレーダー誘導に準じて行われるが，上記 1．及び 2．に基づく誘導の場合，通常高度は指示されず，VMC の維持が指示される．

Phraseology Example 1

レーダー誘導が行われる場合は，以下のようになる．（釧路空港→帯広空港）

PIL: JA 013C, 6 miles southwest of Kushiro airport, leaving 4,100 climb to 4,500, proceed to Obihiro airport, request radar traffic advisory.

ACC: JA 013C, roger, squawk 1144.

PIL: Squawk 1144, JA 013C.

ACC: JA 013C, radar contact, 6 miles southwest of Kushiro, area QNH 2990, maintain VMC, report altitude.

PIL: Area QNH 2990, maintain VMC, 4,500, JA 013C.

ACC: JA 013C, roger, report heading.

PIL: Heading 270, JA 013C.

ACC: JA 013C, due to Kushiro departure, if able, fly heading 250, please.

PIL: Fly heading 250, JA 013C.

ACC: JA 013C, clear of traffic, resume own navigation.

PIL: Resume own navigation, JA 013C.

PIL: Sapporo Control, JA 013C, leaving 4,500 descending to 2,000.

ACC: JA 013C, radar service terminated, squawk 1200, frequency change approved.

PIL: JA 013C, 釧路空港の南西 6 マイル, 4,100 フィートから 4,500 フィートへ上昇中です, 帯広空港へ向かいます，レーダーアドバイザリー業務を要求します.

ACC: JA 013C，了解，1144 を送って下さい.

PIL: 1144 を送ります，JA 013C.

ACC: JA 013C，レーダーコンタクト，釧路空港の南西 6 マイル，空域 QNH 2990，VMC を維持して下さい，高度を知らせて下さい.

PIL: 空域 QNH 2990，VMC を維持します，4,500 フィートを維持しています，JA 013C.

ACC: JA 013C，了解，針路を知らせて下さい.

PIL: 針路 270，JA 013C.

ACC: JA 013C，釧路空港からの出発機のため，もし可能なら，針路 250 を飛行して下さい.

PIL: 針路 250 を飛行します，JA 013C.

ACC: JA 013C, トラフィック解消，通常航法に戻って下さい.

PIL: 通常航法に戻ります，JA 013C.

PIL: 札幌コントロール，JA 013C，4,500 フィートから 2,000 フィートへ降下中です.

ACC: JA 013C，レーダー業務を終了します，1200 を送って下さい，周波数の変更を許可します.

Phraseology Example 2

TCA 内においても，パイロットの要求に基づくレーダー誘導が実施される（P.76~77 参照）.（宮崎空港→鹿児島空港）

PIL: Kagoshima TCA, JA 75ME.

TCA: JA 75ME, go ahead.

PIL: JA 75ME, request radar vector to Miyakonojo.

TCA: JA 75ME, fly heading 200 vector to Miyakonojo, maintain VMC.

PIL: Fly heading 200, maintain VMC, JA 75ME.

TCA: JA 75ME, fly heading 220.

PIL: Fly heading 220, JA 75ME.

PIL: Kagoshima TCA, JA 75ME, Miyakonojo in sight.

TCA: JA 75ME, roger, resume own navigation.

PIL: 鹿児島 TCA，JA 75ME.
TCA: JA 75ME，どうぞ.
PIL: JA 75ME，都城へのレーダーベクターを要求します.
TCA: JA 75ME，都城への誘導のため，針路 200 を飛行して下さい，VMC を維持して下さい.
PIL: 針路 200 を飛行します，VMC を維持します，JA 75ME.

TCA: JA 75ME，針路 220 を飛行して下さい.
PIL: 針路 220 を飛行します，JA 75ME.

PIL: 鹿児島 TCA，JA 75ME，都城を視認しました.
TCA: JA 75ME，了解，通常航法に戻って下さい.

指示された針路に従えない場合は，管制官に通報し，他の針路を要求する．当該機の現針路が不明で，かつ，それを確認する余裕がない場合は，旋回の度数及び旋回方向が指定される.

TCA: JA 75ME, fly heading 330, maintain VMC.

PIL: JA 75ME, request 20 degrees to the right to avoid CB 5 miles ahead.

TCA: JA 75ME, turn right heading 350, report clear of weather.

TCA: JA 75ME，針路 330 を飛行して下さい，VMC を維持して下さい.
PIL: JA 75ME，5 マイル前方にある積乱雲を回避するため，右へ 20 度旋回を要求します.
TCA: JA 75ME，右旋回針路 350，悪天を解消したら通報して下さい.

レーダー誘導は，当該機が誘導目標もしくは飛行場又は先行機を視認した旨を通報した場合，当該機が誘導を必要としない旨を通報した場合，及び誘導の目的が達成された場合に「resume own navigation」の用語により終了する．また，当該機が PCA 又は TCA を離脱する場合も，「leaving ~ TCA, resume own navigation」により終了する.

Phraseology Example 3

模擬計器進入の場合，ターミナル管制所がある空港の場合は，交通状況等により最終進入コースへレーダー誘導される場合がある．パイロットが管制機関に対しレーダー誘導を要求する場合は，以下のようになる．（宮崎空港：和訳省略）

PIL: Kagoshima Radar, JA 74MD, approaching Shirahama, request radar vector to simulated ILS Z runway 27 approach.

RDR: JA 74MD, ident.

PIL: JA 74MD, ident.

RDR: JA 74MD, radar contact, 3 miles south of Miyazaki, fly heading 090 vector to final approach course, maintain 2,000.

PIL: JA 74MD, heading 090, maintain 2,000.

RDR: JA 74MD, request type of landing and further intention.

PIL: JA 74MD, request touch and go, and request radar vector to simulated ILS Z runway 27.

RDR: Copied.

RDR: JA 74MD, turn left heading 010.

PIL: JA 74MD, turn left heading 010.

RDR: JA 74MD, turn left heading 330.

PIL: JA 74MD, left 330.

RDR: JA 74MD, 4 miles from SINWA, turn left heading 300, cleared for simulated ILS Z runway 27 approach, maintain VMC.

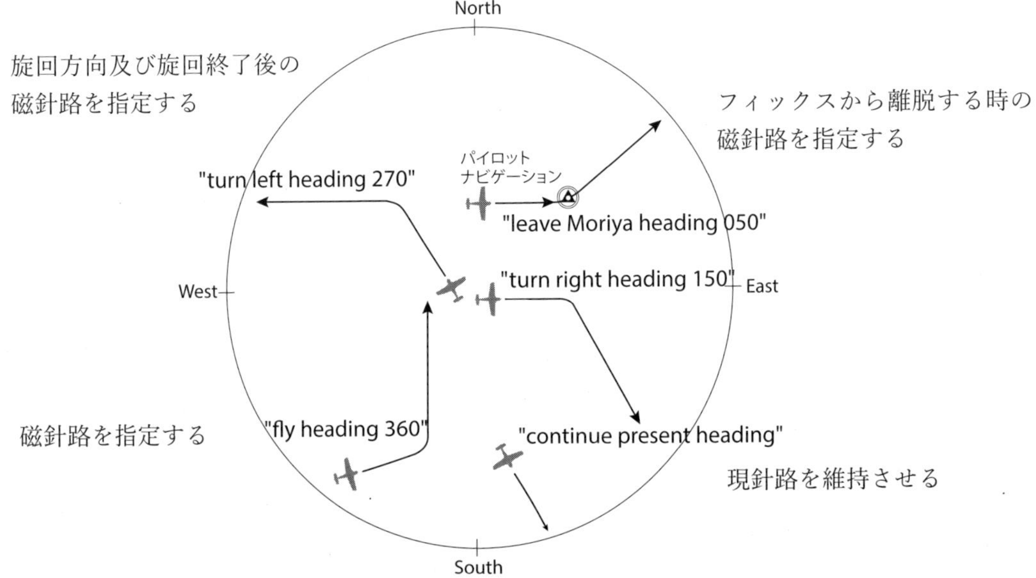

UNIT.3. Traffic Information

- 交通情報 -

Words & Phrases

closing 接近	converging 合流
opposite direction 反対方向	parallel same direction 同方向に平行
parallel opposite direction 反対方向に平行	diverging 分岐
overtaking 追い越し	crossing right to left 右から左へ横断
fast moving 速い	slow moving 遅い
traffic not observed 該当機は見当たりません	vicinity 付近に・近くに
numerous flocks of ~ 多くの～の群れ	do you have traffic in sight? 関連機を視認していますか？

Introduction

レーダー管制機関と通信設定を行い位置が確認された航空機に対しては，状況に応じて関連するVFR機・IFR機の交通情報（traffic information）が提供される．これは通常，以下の内容を含んでいる．

- ・時計の各時の方向又は8方位で表した当該機からの方位
- ・当該機からの距離
- ・進行方向又は移動状況
- ・既知の場合は航空機の高度に関する情報及び型式

Traffic information の例

- ・Traffic, 11 o'clock, 15 miles, opposite direction, 1,000 above you, Boeing 767.
- ・Traffic, 2 o'clock, 8 miles, fast moving, crossing right to left, altitude readout 4,500.

なお，自動高度応答装置による高度情報は，管制官によりその精度が確認されていないものを含む．この場合は，その旨「altitude readout」の用語により通報される．

Phraseology Example 1

管制機関（等）から交通情報を提供された場合，パイロットは速やかに状況を報告する．

・該当トラフィックを視認できた場合 -----「traffic in sight」（トラフィック視認）

・捜索中の場合 -----「looking out」（捜索中です）

・当該トラフィックを視認できない場合 -----「negative contact」（視認できません）

「捜索中です」と報告した場合は，その後速やかに「traffic in sight」又は「negative contact」を報告しなければならない．（女満別空港）

ACC: JA 014C, traffic, 2 o'clock, 3 miles, northeastbound, leaving 9,100 descending, VFR J-Air Embraer 170 bound for Memanbetsu airport, report traffic in sight.

PIL: JA 014C, traffic information copy, looking out.

PIL: Sapporo Control, JA 014C, traffic in sight.

ACC: JA 014C，トラフィック，2 時の方向，3 マイル，北東へ進行中，9,100 フィートから降下中，女満別空港行の VFR 機 J-Air エンブラエル 170，トラフィックを視認したら通報して下さい．

PIL: JA 014C，交通情報コピーしました，捜索中です．

PIL: 札幌コントロール，JA 014C，トラフィック視認しました．

Phraseology Example 2

該当トラフィックが，パイロットがその相対位置の関係から注視する必要がなくなった時は，

・「clear of traffic」----- トラフィック解消

・「clear of ~ o' clock traffic」----- ～時のトラフィック解消

により，支障がない旨が通報される．（帯広空港）

ACC: JA 013C, traffic, 9 miles ahead of you, northbound, 10,000 descending, Boeing 737.

PIL: JA 013C, negative contact.

ACC: JA 013C, clear of traffic.

ACC: JA 013C，トラフィック，あなたの 9 マイル前方，北へ進行中，10,000 フィートから降下中，ボーイング 737.

PIL: JA 013C，視認できません．

ACC: JA 013C，トラフィック解消．

関連する航空機の方位は，当該機のレーダースコープ上における進行方向を 12 時方向として，又は 8 方位で示した方位（north，northeast 等）として提供される．偏流が著しい場合や旋回中は操縦席からの見え具合と誤差がある場合がある．

1 時の方向，5 マイルの場合

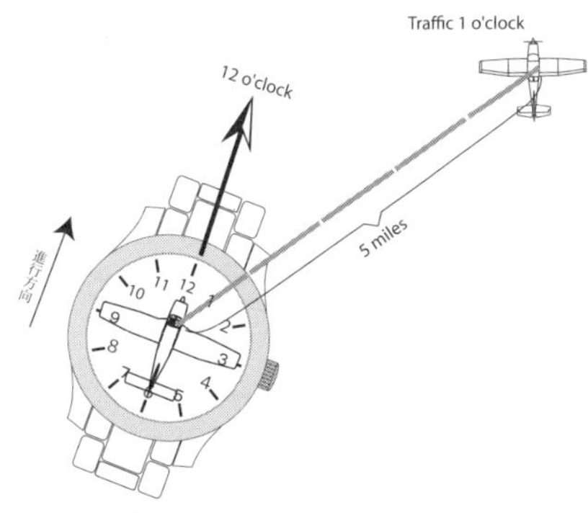

Phraseology Example 3

管制機関（等）から交通情報を提供された場合，パイロットは可能であれば自ら高度を変更したりホールドする等，他の航空機との接近回避に努めるのが望ましい．（宮崎空港：和訳省略）

PIL: **Kagoshima TCA, JA 79MK, information F.**

TCA: **JA 79MK, Kagoshima TCA, go ahead.**

PIL: **JA 79MK, position, 22 miles south of Miyazaki VOR, leaving 3,900 descending to 1,500, VFR to Miyazaki airport via Shirahama, and will cross KS 4-2 area along the coastline, request TCA advisory.**

TCA: **JA 79MK, roger, squawk 1434.**

PIL: **Squawk 1434, JA 79MK.**

TCA: **JA 79MK, not yet in radar contact, and traffic not observed around Shirahama via coastline.**

PIL: **JA 79MK, traffic information copy.**

TCA: **JA 79MK, ident.**

PIL: **Ident, JA 79MK.**

TCA: **JA 79MK, radar contact, 16 miles south of Miyazaki VOR, altitude readout 2,700.**

PIL: **JA 79MK.**

TCA: **JA 79MK, IFR traffic, Dash-8, 8 miles east of the airport, proceeding to right downwind runway 09 for visual approach, 3,000 descending.**

PIL: **JA 79MK, roger, we will hold at 1 mile south of Shirahama.**

TCA: **JA 79MK, roger.**

TCA: **JA 79MK, preceding traffic, 2 o'clock, 7 miles, contact Miyazaki Tower 118.3.**

Phraseology Example 4

関連航空機に関して，飛行援助用航空局（フライトサービス）に対して情報を求めることもできる．国土交通省の機関ではなく（管制用ではない），カンパニーと同一周波数を使用している場合もある．また，運用時間は施設によって異なる．

PIL: **Amakusa Flight Service, JA 82MN.**

FS: **JA 82MN, Amakusa Flight Service, go ahead.**

PIL: **JA 82MN, 9 miles southeast of Amakusa 2,500 feet, will cross 5 miles southeast to 5 miles northeast at 2,500, request traffic information.**

FS: **JA 82MN, copied, one copter making touch and go training at Amakusa airport, use caution, report 5 miles southeast.**

PIL: **Report 5 miles southeast, JA 82MN.**

PIL: 天草フライトサービス，JA 82MN です．

FS: JA 82MN，天草フライトサービスです，どうぞ．

PIL: JA 82MN，天草飛行場の南東 9 マイル，2,500 フィート，2,500 フィートで南東 5 マイルから北東 5 マイルへ通過します，交通情報を要求します．

FS: JA 82MN，了解，天草飛行場でヘリコプター 1 機がタッチアンドゴー訓練を行っています，気をつけて下さい，南東 5 マイルで通報して下さい．

PIL: 南東 5 マイルで通報します，JA 82MN.

呼び出しに応答がない場合は，一方送信にて飛行場周辺の飛行方法を送信するのが望ましい．なお，5 マイル 圏内を 3,000 フィート 以下で飛行中の場合は当該周波数の聴取を続け，空域を離脱する時に再度その旨を一方送信する．

Phraseology Example 5

訓練空域を VFR で通過する場合，管轄する機関に連絡し，交通情報を入手する．（P.106 参照）

TCA: **JA 82MN, leaving Kagoshima TCA, TCA advisory terminated, squawk VFR, frequency change approved.**

PIL: **Squawk VFR, frequency change approved, JA 82MN.**

PIL: **Kobe Control, JA 82MN, VFR.**

ACC: **JA 82MN, Kobe Control, go ahead.**

PIL: **JA 82MN, 30 miles northeast of Miyazaki VOR, maintain 5,500, will cross KS 3-4, request traffic information.**

TCA: JA 82MN，鹿児島 TCA を離脱するので，TCA アドバイザリー業務を終了します，VFR コードを送って下さい，周波数の変更を許可します．

PIL: VFR コードを送ります，周波数の変更を許可，JA 82MN.

PIL: 神戸コントロール，JA 82MN です，VFR で飛行中です．

ACC: JA 82MN，神戸コントロールです，どうぞ．

PIL: JA 82MN，宮崎 VOR の北東 30 マイル，5,500 フィートを維持しています，訓練空域 KS 3-4 を通過します，交通情報を要求します．

UNIT.4. Position Confirmation & Transponder

- 位置の確認とトランスポンダー -

Words & Phrases

verify assigned altitude 指定された高度を確認して下さい	verify present altitude 現在の高度を確認して下さい
report altitude 高度を知らせて下さい	recycle ~ (*1) ～を再設定して下さい
squawk stand by トランスポンダーを待機にして下さい	stop squawk トランスポンダーの応信を停止して下さい
squawk low (normal) トランスポンダーを低感度（通常感度）で応信して下さい	
confirm you are squawking ~ (*2) ～を発信していますか	
your transponder inoperative (malfunctioning) あなたのトランスポンダーは作動していません（作動不良です）	

＊ (*1) コードを指定し，又はその変更を指示した後，当該コードがレーダーディスプレイ上に表示されない場合，管制機関がコードの再設定を指示する時に使用される．

＊ (*2) レーダーディスプレイ上に表示されたコードが指定コードと異なっており，再設定の指示後もレーダーディスプレイの表示が変わらない場合，管制機関が設定したコードの確認を要求する時に使用される．

Introduction

雲上，及び洋上の飛行中で，パイロットが自機の正確な位置を知りたい場合は「request radar position」の用語を使用する．

また，トランスポンダーの機能をチェックしたい場合は，「request transponder check」を使用する．

Phraseology Example 1

PIL: Tokyo Control, JA 5806, 8,500, VFR.

ACC: JA 5806, Tokyo Control, go ahead.

PIL: JA 5806, request radar position, we are squawking 1200.

ACC: JA 5806, ident.

PIL: Ident, JA 5806.

ACC: JA 5806, radar contact, your position 30 miles southeast of Sendai airport.

PIL: 東京コントロール，JA 5806 です，8,500 フィート，VFR で飛行中です．
ACC: JA 5806，東京コントロールです，どうぞ．
PIL: JA 5806，レーダーポジションを要求します，1200 をスクオークしています．
ACC: JA 5806，アイデントを送って下さい．
PIL: アイデントを送ります，JA 5806．

ACC: JA 5806，レーダーコンタクト，現在位置は，仙台空港の南東 30 マイルです．

ATC トランスポンダーとは，二次監視レーダーを利用して飛行中の航空機を識別するものである．レーダーによる管制業務を構築し，TCAS を作動させるためにも必要であることから適切に作動させることが求められている．民間用では，航空機識別用のモード A（航空機識別用のモード A は 0 ～ 7 を組み合わせた 4 つの数字からなる）と高度情報用のモード C が使用されている．

トランスポンダーは，原則として，離陸開始前に作動させ，着陸後はできるだけ早く停止（OFF, STAND-BY）させる．管制官から指示された場合以外はトランスポンダーの操作は行うべきではない．飛行中は常時作動させておき，管制官から指示があれば「IDT」（ident）ボタンを押す．これによって管制機関のレーダーディスプレイ上に映し出される．

IFR 機に対しては管制機関からコードが指定されるが，VFR 機に関しては，

・1200：高度 10,000 フィート未満を飛行する時
・1400：高度 10,000 フィート以上を飛行する時
・7500：ハイジャックされた場合
・7600：通信機が故障した場合
・7700：緊急状態に陥った場合

をそれぞれセットする．

VFR 機に対しても特定のコードが指定されることがあり，国内線・国際線で使用されていないコード，又は AIP に記載されている各機関別コードではない 64 番台・14 番台が使用されるか，AIP に記載されている各機関別コードが使用される．

なお，自動高度応答装置（モード C）を装備した航空機（IFR/VFR）は，飛行中は常時これを作動させておくべきである．

UNIT.5. Position Report

- 位置通報 -

Introduction

航空機は，以下の場合を除き，定められた地点において位置通報を行わなければならない．

- レーダー管制業務が開始（「radar contact」）された後，「radar service terminated」又は「radar contact lost」と通報されるまでの間
- データリンク空域においてデータリンク接続を設定し，最初の位置通報を行った後

目的地の変更・経路の変更・ETA の変更や，CB 等の気象状況に遭遇した場合は，所在不明の VFR 機の捜索救難活動を効果的に行うため，他の航空機に対してもその情報は有益であることから，最寄りの FSC もしくは対空センター，又は管制機関に通報することが望ましい．

Typical Exchanges

＊位置通報点上にて

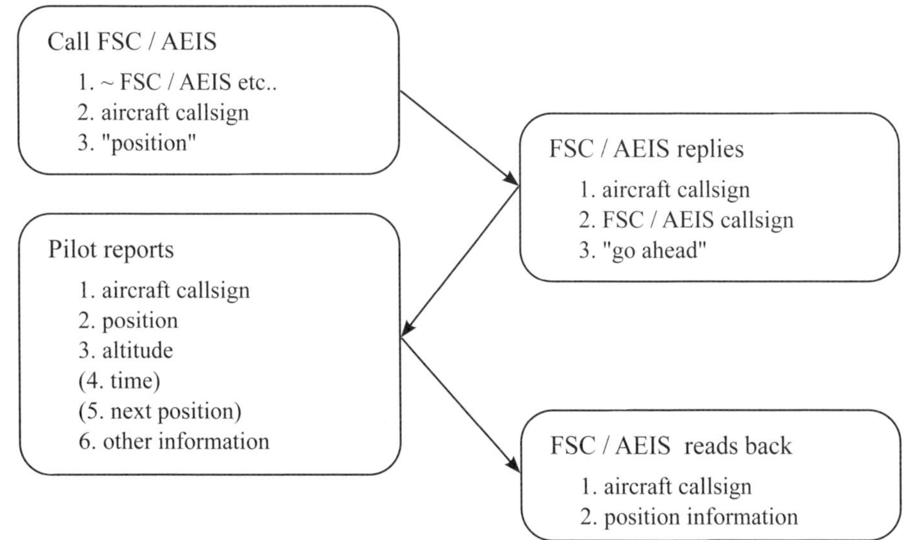

位置通報は，航空機が位置通報点通過中又は通過直後に行う．通常，以下の内容を含む．

① 航空機識別符号
② 位置通報点名，又はそれに準ずる名称
③ 通過時刻
④ 高度
(⑤ 次の位置通報点名及び予定通過時刻)
(⑥ その他参考となる事項)

Phraseology Example 1

VFR 機の巡航時の位置通報はパイロットの自主性に任されているが，捜索救難時においては有益であることから，積極的に行うようにする．通常，30 分間隔を目安とする．

PIL: **Kagoshima Information, JA 79MK, position.**

AEIS: **JA 79MK, Kagoshima Information, go ahead.**

PIL: **JA 79MK, over Toimisaki 09, maintain 6,500 feet, estimate Satamisaki 24.**

AEIS: **JA 79MK, over Toimisaki 09, maintain 6,500 feet, estimate Satamisaki 24.**

PIL: **JA 79MK, affirm.**

PIL: 鹿児島インフォメーション，JA 79MK です，位置通報を行います．
AEIS: JA 79MK，鹿児島インフォメーションです，どうぞ．
PIL: JA 79MK，都井岬通過 9 分，6,500 フィートを維持しています，佐多岬到着予定 24 分．
AEIS: JA 79MK，都井岬通過 9 分，6,500 フィートを維持，佐多岬到着予定 24 分．
PIL: JA 79MK，そのとおりです．

Phraseology Example 2

CB 等の航空機の運航に影響を及ぼすような天候に遭遇した場合は，他の航空機への情報提供の観点からも通報することが望ましい．通常，変更する理由と，それに伴う経路の変更及び ETA の変更等をあわせて通報する．なお，時間の訂正を要する範囲は，通常，3 分を超える場合である．

PIL: **New Chitose Information, JA 014C, route change.**

AEIS: **JA 014C, New Chitose Information, go ahead.**

PIL: **JA 014C, due to CB 15 miles ahead, after Rikubetsu, Rubeshibe, Kitami then Memanbetsu, maintain 3,000 feet, revised estimate Memanbetsu 15.**

AEIS: **JA 014C, route change, position over Rikubetsu, after Rikubetsu, Rubeshibe, Kitami then Memanbetsu, maintain 3,000 feet, revised estimate Memanbetsu 15.**

PIL: **JA 014C, affirm.**

PIL: 新千歳インフォメーション，JA 014C です，ルートチェンジを行います．
AEIS: JA 014C，新千歳インフォメーションです，どうぞ．
PIL: JA 014C，15 マイル前方の積乱雲のため，陸別の後は，留辺蘂，北見，女満別に向かいます，3,000 フィートを維持します，女満別空港に 15 分到着予定に変更です．
AEIS: JA 014C，ルートチェンジ，現在位置陸別，陸別の後は留辺蘂，北見，女満別，3,000 フィートを維持，女満別空港へ 15 分到着予定．
PIL: JA 014C，そのとおりです．

FAIB と対空センター

FAIB (Flight and Airport Information BASE)

運航援助情報業務（2 カ所）
　東京運航拠点／ TOKYO FAIB
　関西運航拠点／ KANSAI FAIB

東京空港事務所（羽田）と関西空港事務所に設置される運航援助情報業務の実施拠点であり，運航調整・運航支援等・運航危機管理・運航監督等の幅広い専門的なサポートを行う．

AFIS and AEIS Center

対空援助業務（2 カ所）*(1)
　新千歳対空センター
　大阪対空センター
　福岡対空センター（予定）

FSC 又は対空センターについては P.20 を参照のこと．

*(1) 令和 3 年 10 月現在は新千歳と大阪の 2 カ所

飛行場対空援助業務（AFIS：Aerodrome Flight Information Service）
- ■ 航空機の航行に必要な情報の提供
  飛行場周辺の航空交通情報・飛行場の滑走路の状態や気象情報の提供等
- ■ 航空機と管制業務を行う機関との間の管制上必要な通報の伝達
  IFR 機への管制承認の伝達等
- ■ その他航空機の航行の安全に必要な通信に関する業務

広域対空援助業務（AEIS：Aeronautical En-route Information Service）
- ■ 航空機の航行に必要な情報の提供
- ■ 航空機からの報告（PIREP）の受理及び提供
- ■ その他航空機の航行の安全に必要な通信に関する業務

Phraseology Example 3

経路上又は目的地の気象情報を入手したい場合は，最寄りの FSC もしくは対空センター，又は管制機関から入手する．

PIL: **New Chitose Information, JA 014C.**

AEIS: **JA 014C, New Chitose Information, go ahead.**

PIL: **JA 014C, 2 miles north of Honbetsu, maintain 3,500, VFR to Memanbetsu airport, request latest Memanbetsu weather.**

AEIS: **JA 014C, roger, stand by.**

PIL: **JA 014C, stand by.**

AEIS: **JA 014C, Memanbetsu 0500Z weather.**

PIL: **JA 014C, go ahead.**

AEIS: **JA 014C, Memanbetsu 0500Z MET report, wind 020 degrees 18 knots, visibility 40 km, cloud FEW 5,000 cumulus, SCT 6,000 cumulus, BKN 10,000 altocumulus, temperature 28, dew point 21, QNH 2939.**

PIL: 新千歳インフォメーション，JA 014C です．

AEIS: JA 014C，新千歳インフォメーションです，どうぞ．

PIL: JA 014C，本別の北 2 マイル，3,500 フィートを維持しています，女満別空港に向け VFR で飛行中，女満別の気象情報を要求します．

AEIS: JA 014C，了解，待機して下さい．

PIL: JA 014C，待機します．

AEIS: JA 014C，女満別の 0500Z 気象情報です．

PIL: JA 014C，どうぞ．

AEIS: JA 014C，女満別 0500Z の天候です，風向 020 度 18 ノット，視程 40 キロメートル，雲量 FEW 5,000 フィート積雲，SCT 6,000 フィート積雲，BKN 10,000 フィート高積雲，気温 28 度，露点 21 度，QNH 2939．

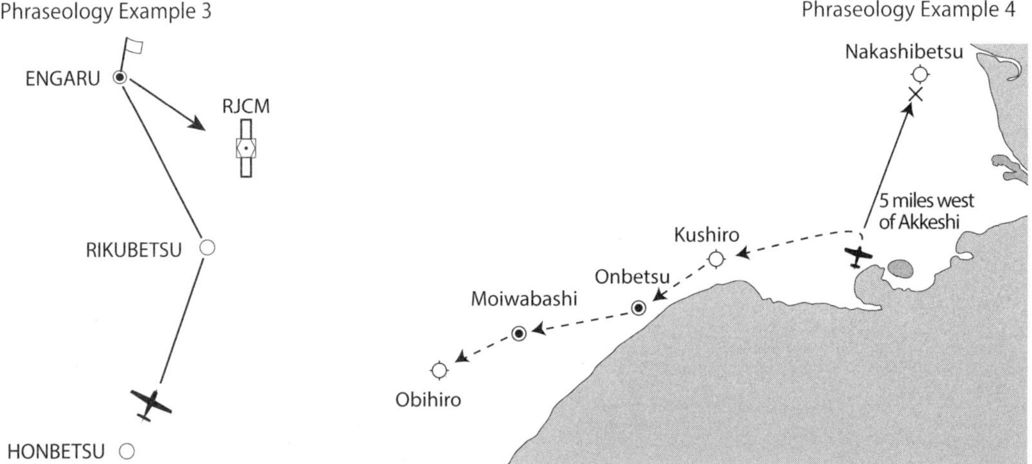

Phraseology Example 4

目的地変更の場合は，最寄りのFSCもしくは対空センター，又は管制機関に通報することが望ましい．厚岸上空で，中標津空港天候不良の情報を受け，目的地を中標津空港から釧路空港経由帯広空港へと変更する場合は，以下のようになる．

PIL: New Chitose Information, JA 016C.

AEIS: JA 016C, New Chitose Information, go ahead.

PIL: JA 016C, 5 miles west of Akkeshi, 2,000 feet, operation normal, request Nakashibetsu weather.

AEIS: JA 016C, 5 miles west of Akkeshi 2,000 feet, stand by Nakashibetsu weather.

PIL: JA 016C, stand by.

AEIS: JA 016C, New Chitose Information, Nakashibetsu 0100 weather.

PIL: JA 016C, go ahead.

AEIS: JA 016C, Nakashibetsu MET report 0100, wind 120 at 20, visibility 3,000 meters, FEW 500 feet, BKN 2,500 feet, temperature 20, QNH 2979.

PIL: JA 016C, QNH 2979, request change flight plan.

AEIS: JA 016C, go ahead.

PIL: JA 016C, destination change to Obihiro airport via present position direct Kushiro, Onbetsu, Moiwabashi, estimate Obihiro airport 0155.

AEIS: JA 016C, destination Obihiro airport, route Kushiro, Onbetsu, Moiwabashi, estimate Obihiro at 0155, correct?

PIL: JA 016C, affirm.

PIL: 新千歳インフォメーション，JA 016Cです．

AEIS: JA 016C，新千歳インフォメーションです，どうぞ．

PIL: JA 016C，厚岸の西5マイル，2,000フィート，オペレーションノーマル，中標津の気象情報を要求します．

AEIS: JA 016C，厚岸の西5マイル，2,000フィート，中標津の気象情報はしばらく待って下さい．

PIL: JA 016C，待機します．

AEIS: JA 016C，新千歳インフォメーションです，中標津の0100の気象情報です．

PIL: JA 016C，どうぞ．

AEIS: JA 016C，中標津0100の天候，風向120度20ノット，視程3,000メートル，雲量FEW 500フィート，BKN 2,500フィート，気温20度，QNH 2979.

PIL: JA 016C，QNH 2979，フライトプランの変更をお願いします．

AEIS: JA 016C，どうぞ．

PIL: JA 016C，目的地を帯広空港へ変更します，現在位置から釧路，音別，茂岩橋を経由します，帯広空港には0155着予定です．

AEIS: JA 016C，目的地空港帯広，ルートは釧路，音別，茂岩橋，帯広空港到着予定時刻0155，ですね．

PIL: JA 016C，そのとおりです．

UNIT.6. Crossing Control Zone

- 管制圏の通過 -

Words & Phrases

cleared to cross control zone 管制圏の通過を許可します cleared to cross control zone, maintain special VFR conditions while in control zone 管制圏の通過を許可します，管制圏内では特別有視界飛行基準を維持して下さい

Introduction

管制圏を通過する場合は，その空域を管轄するタワーの許可が必要である（管制圏の上空を通過する場合も管制機関に通報することが望ましい）．タワーと通信設定を行い，管制圏通過の許可を受ける．

情報圏，訓練空域の通過（P.98）に関しては，特段規制されてはいないが，当該空域の交通情報を提供する機関に連絡しなければならない．

管制圏通過は，

・VFR 機が VMC を維持できる場合，又は VFR 機が VMC を維持できない場合であって管制区管制所等から Special VFR による飛行の許可を得られる時

・管制機関が航空機の位置を確認でき，交通情報を提供することができる場合

に許可される．（Special VFR に関しては，P.72 参照）

パイロットは通常，通過に際し，以下の事項を告げるべきである．

① 現在位置

② 目視位置通報点，又は方位で示した地点（適当な目視位置通報点がない場合は余裕を持って飛行場から 10 マイル程度で呼び出すほうがよい：必ず通過できるとは限らない）

③ 高度

④ request cross control zone

⑤ 通過方位 / 通過高度

⑥ その他

管制圏及び情報圏の通過に関して

飛行場	空中	管制圏	情報圏
VMC	VMC	95 条但書の許可 → VFR で通過	連絡を行う → VFR で通過
VMC	IMC	S-VFR の許可 & 95 条但書の許可 → S-VFR で通過	S-VFR の許可 → S-VFR で通過
IMC 地上視程 1,500 m 以上	VMC	95 条但書の許可 → VFR で通過	連絡を行う → VFR で通過
	IMC	S-VFR の許可 & 95 条但書の許可 → S-VFR で通過	S-VFR の許可 → S-VFR で通過
IMC 地上視程 1,500 m 未満	VMC	95 条但書の許可 → VFR で通過	連絡を行う → VFR で通過
	IMC 1,500 m 以上	飛行できない	飛行できない
	IMC 1,500 m 未満	飛行できない	飛行できない

＊航空法 94 条；　航空機は，計器気象状態においては，航空交通管制区，航空交通管制圏又は航空交通情報圏にあっては計器飛行方式により飛行しなければならず，その他の空域にあっては飛行してはならない．ただし，予測することができない急激な天候の悪化その他のやむを得ない事由がある場合又は国土交通大臣の許可を受けた場合（≒ S-VFR）は，この限りでない．

＊航空法 95 条；　航空機は，航空交通管制圏においては，次に掲げる飛行（≒離着陸）以外の飛行を行ってはならない．ただし，国土交通大臣の許可を受けた場合（≒通過の許可）は，この限りでない．

飛行場が VMC であっても，航空機からの要請があれば S-VFR の許可が発出される (S-VFR で飛行する)

飛行場 VMC

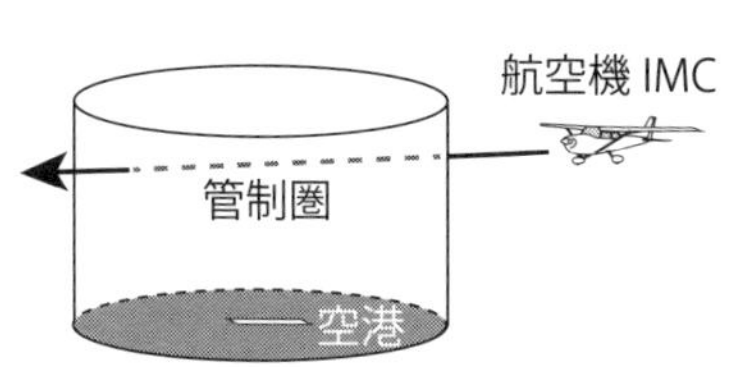

航空機は VMC であり，VFR で飛行可能であるから，S-VFR の許可は必要ではない (VFR で飛行する)

飛行場 IMC
(地上視程が 1,500m 以上)

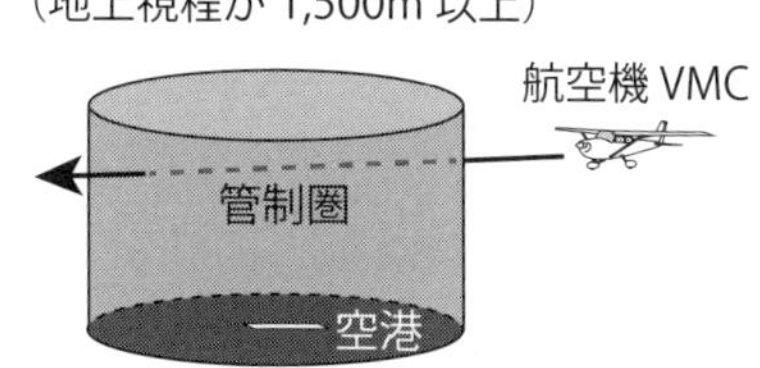

Phraseology Example 1

十勝管制圏の通過を要求する場合は，以下のようになる．

PIL: **Tokachi Tower, JA 018C.**

TWR: **JA 018C, Tokachi Tower, go ahead.**

PIL: **JA 018C, 8 miles northeast of Tokachi, 1,500, request cross control zone from northeast to southwest at 1,500.**

TWR: **JA 018C, cleared to cross control zone from northeast to southwest at 1,500, maintain VMC, Tokachi using runway 31, QNH 2990, report 5 miles northeast.**

PIL: **Cleared to cross control zone, northeast to southwest at 1,500, maintain VMC, QNH 2990, runway 31, report 5 miles northeast, JA 018C.**

PIL: **Tokachi Tower, JA 018C, 5 miles northeast, 1,500.**

TWR: **JA 018C, report over the field.**

PIL: **Report over the field, JA 018C.**

PIL: **Tokachi Tower, JA 018C, over the field.**

TWR: **JA 018C, report leaving control zone (or 5 miles out).**

PIL: **Report leaving control zone (or 5 miles out), JA 018C.**

PIL: **Tokachi Tower, JA 018C, 5 miles southwest, 1,500, leaving control zone.**

TWR: **JA 018C, frequency change approved.**

PIL: **Frequency change approved, JA 018C.**

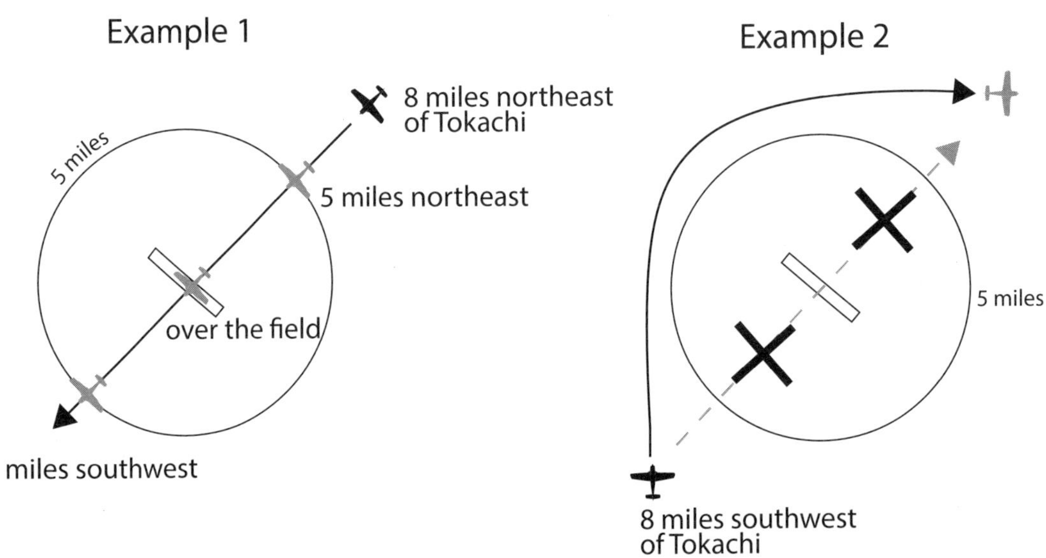

PIL: 十勝タワー，JA 018C です.

TWR: JA 018C，十勝タワーです，どうぞ.

PIL: JA 018C，十勝飛行場の北東 8 マイル，1,500 フィート，1,500 フィートで北東から南西へ管制圏の通過を要求します.

TWR: JA 018C，1,500 フィートで北東から南西へ管制圏の通過を許可します，VMC を維持して下さい，滑走路 31，QNH 2990，空港の北東 5 マイルで通報して下さい.

PIL: 1,500 フィートで北東から南西へ管制圏の通過を許可，VMC を維持します，QNH 2990，滑走路 31，空港の北東 5 マイルで通報します，JA 018C.

PIL: 十勝タワー，JA 018C，空港の北東 5 マイル，1,500 フィートです.

TWR: JA 018C，飛行場上空で通報して下さい.

PIL: 飛行場上空で通報します，JA 018C.

PIL: 十勝タワー，JA 018C，飛行場上空です.

TWR: JA 018C，管制圏を離脱する時に通報して下さい（空港から 5 マイルで通報して下さい）.

PIL: 管制圏を離脱する時に通報します（空港から 5 マイルで通報します），JA 018C.

PIL: 十勝タワー，JA 018C，空港の南西 5 マイル，1,500 フィート，管制圏を離脱します.

TWR: JA 018C，周波数の変更を許可します.

PIL: 周波数の変更を許可，JA 018C.

Phraseology Example 2

十勝管制圏の通過の許可が得られない場合，以下のようになる.

PIL: Tokachi Tower, JA 018C.

TWR: JA 018C, Tokachi Tower, go ahead.

PIL: JA 018C, 8 miles southwest of Tokachi airport, 1,500 feet, request cross control zone from southwest to northeast at 1,500 feet.

TWR: JA 018C, unable to cross control zone due to congested traffic, keep out of control zone, fly west side of control zone.

PIL: Roger, keep out of control zone, fly west side of control zone, JA 018C.

PIL: 十勝タワー，JA 018C です.

TWR: JA 018C，十勝タワーです，どうぞ.

PIL: JA 018C，十勝飛行場の南西 8 マイル，1,500 フィート，1,500 フィートで南西から北東へ管制圏の通過を要求します.

TWR: JA 018C，トラフィックの混雑のため管制圏の通過を許可できません，管制圏の外側にいて，管制圏の西側を飛行して下さい.

PIL: 了解，管制圏の外側にいて，管制圏の西側を飛行します，JA 018C.

Phraseology Example 3

情報圏通過の連絡を行う場合は，以下のようになる．（福島空港）

PIL: **Fukushima Radio, JA 5808.**

AFIS: **JA 5808, Fukushima Radio, go ahead.**

PIL: **JA 5808, 15 miles southsouthwest of airport, 3,000, northbound, request cross your information zone southwest to northwest.**

AFIS: **JA 5808, temperature 6, QNH 3021, traffic copter just airborne southbound, use caution, report enter 5 miles.**

PIL: **QNH 3021, report 5 miles, JA 5808.**

PIL: **Fukushima Radio, JA 5808, 5 miles southwest, 3,000, entering information zone.**

AFIS: **JA 5808, roger, report 5 miles northwest.**

PIL: **Report 5 miles northwest, JA 5808.**

PIL: **Fukushima Radio, JA 5808, 5 miles northwest, 3,000.**

AFIS: **JA 5808, leave this frequency.**

PIL: 福島レディオ，JA 5808 です．

AFIS: JA 5808，福島レディオです，どうぞ．

PIL: JA 5808，福島空港の南南西 15 マイル，3,000 フィート，飛行方向は北，南西から北西へ情報圏の通過を要求します．

AFIS: JA 5808，気温 6 度，QNH 3021，ヘリコプターがちょうど離陸しました，飛行方向は南です，気をつけて下さい，空港から 5 マイルで通報して下さい．

PIL: QNH 3021，空港から 5 マイルで通報します，JA 5808.

PIL: 福島レディオ，JA 5808，空港の南西 5 マイル，3,000 フィート，情報圏へ入ります．

AFIS: JA 5808，了解，空港の北西 5 マイルで通報して下さい．

PIL: 空港の北西 5 マイルで通報します，JA 5808.

PIL: 福島レディオ，JA 5808，空港の北西 5 マイル，3,000 フィート．

AFIS: JA 5808，この周波数を離脱して下さい．

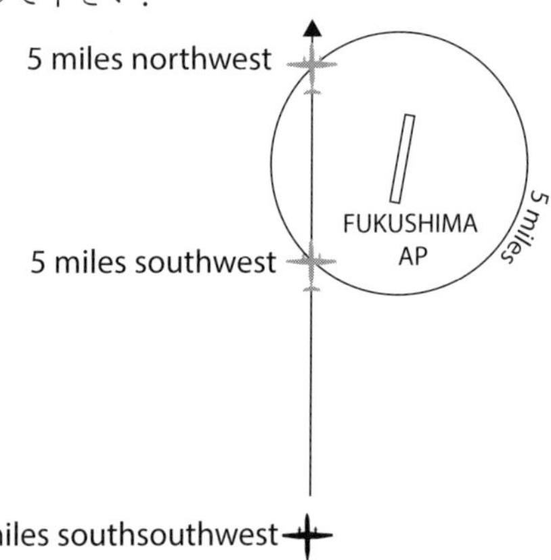

（参考） 管制圏通過の許可に関して

管制圏が指定されている飛行場以外の場所（例：平面的には管制圏内に位置する場外離着陸場）における離着陸に関するものをまとめると，以下のようになる．

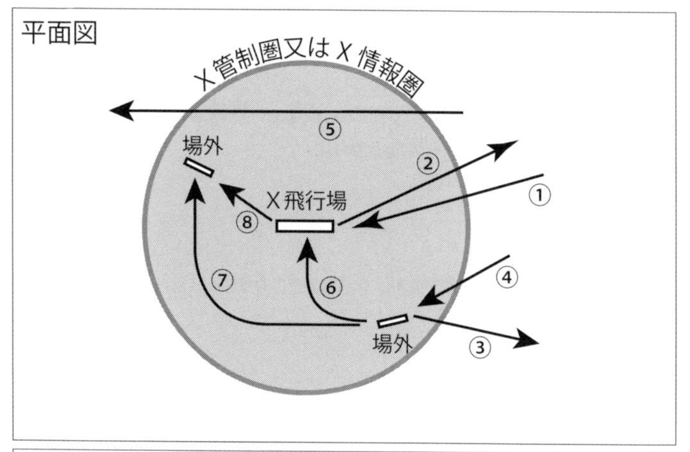

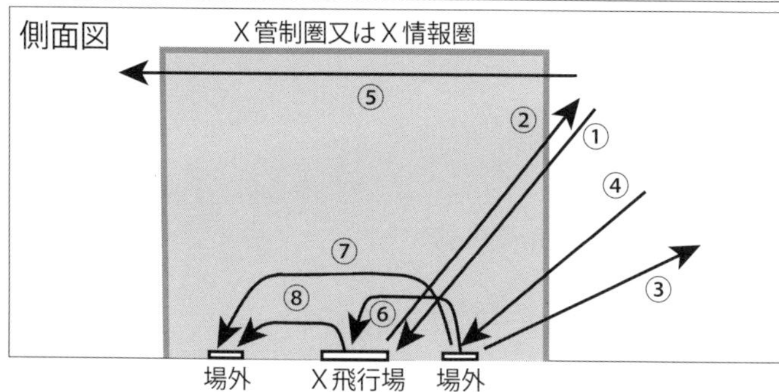

■管制圏又は情報圏が指定されている飛行場から離陸し出圏

（②及び⑧の飛行）

「CLEARED TO LEAVE」

■圏外から入圏し管制圏又は情報圏が指定されている飛行場に着陸

（①及び⑥の飛行）

「CLEARED TO ENTER」

■上記以外の管制圏又は情報圏における飛行

（③，④，⑤，⑦の飛行）

「CLEARED TO CROSS」

1．場外離着陸場から管制圏外へ （宮崎空港：和訳省略）

＊「Miyadai Heliport」とは，宮崎大学病院のヘリポートのことである．（P.65 参照）

PIL: **Miyazaki Tower, JA 016W, Doctor Heli.**

TWR: **JA 016W, Miyazaki Tower, go ahead.**

PIL: **JA 016W, Miyadai Heliport, westbound, destination Miyakonojo, request cross control zone.**

TWR: **JA 016W, runway 09, visibility 15 km, QNH 3025, cleared to cross control zone, report airborne.**

PIL: **3025, cleared to cross control zone, report airborne, JA 016W.**

PIL: **Miyazaki Tower, JA 016W, airborne.**

TWR: **JA 016W, no traffic around you, report leaving control zone.**

PIL: **Report leaving control zone, JA 016W.**

PIL: **Miyazaki Tower, JA 016W, 5 miles southwest, altitude 900, leaving control zone.**

TWR: **JA 016W, frequency change approved.**

2．管制圏外から場外離着陸場へ　（宮崎空港：和訳省略）

PIL:　Miyazaki Tower, JA 016W, Doctor Heli, information K.

TWR: JA 016W, Doctor Heli, Miyazaki Tower, go ahead.

PIL:　JA 016W, Doctor Heli, over Tano, altitude 1,000, request cross control zone, landing to Miyadai Heliport.

TWR: JA 016W, cleared to cross control zone, for landing Miyadai, Miyazaki runway 09, QNH 3009, report entering control zone.

PIL:　JA 016W, report entering control zone.

PIL:　Miyazaki Tower, JA 016W, 5 miles southwest, altitude 600, entering control zone.

TWR: JA 016W, report landing.

PIL:　JA 016W, report landing.

PIL:　Miyazaki Tower, JA 016W, landing.

TWR: JA 016W, roger.

3．場外離着陸場から場外離着陸場へ　（宮崎空港：和訳省略）

PIL:　Miyazaki Tower, JA 016W, Doctor Heli, information L.

TWR: JA 016W, Miyazaki Tower, go ahead.

PIL:　JA 016W, Miyadai Heliport, mission point 2 miles northwest, Oyodogawa Kasenjiki Shiyakushomae, request cross control zone, northbound.

TWR: JA 016W, cleared to cross control zone, report airborne.

PIL:　Report airborne, JA 016W.

PIL:　Miyazaki Tower, JA 016W, airborne.

TWR: JA 016W, no traffic, report landing 2 miles northwest.

PIL:　Report landing 2 miles northwest, JA 016W.

PIL:　Miyazaki Tower, JA 016W, reaching 2 miles northwest, commence landing.

TWR: JA 016W, roger.

PART.6.

緊急時における運航

UNIT.1. Radio Failure

- 通信機故障 -

Words & Phrases

reply not received, if you read me ~ (*1)	
返事がありません，こちらの送信が聞こえれば～して下さい	
~ observed, will continue radar service (*2)	
～観察しました，レーダーサービスを継続します	
blind transmission	interpilot (*3)
一方送信	インターパイロット

＊ (*1) 交信中の航空機から応答が得られない場合，及びコード7600の表示を視認した場合に，管制官が旋回又はトランスポンダーの操作を指示することにより，当該機の受信機の状況を確認する時の用語である．

＊ (*2) (*1) によって航空機の受信機が作動しているのを確認できた場合，一方送信によりレーダー業務を継続する場合の用語である．

＊ (*3) 航空機局相互間で，航行の安全上情報の交換等行う場合もある．その場合は，「interpilot」の用語を使用する場合もある．通常，以下の周波数を使用する．

122.6 → 国内用

123.45 → アジア・太平洋・カナダ北部・北大西洋・カリブ海・南アメリカ地域

Introduction

管制機関（等）との交信が不能になった場合，第一に，自機の無線機が正常かどうかを確かめるため，以下のことを行う．

・正しい周波数が設定されているか確かめる
・ボリュームを確かめる
・マイクロフォンとヘッドセットが正しくセットされているか確かめる
・管制機関（等）が運用時間であるか確かめる
・航空機が無線交信可能地域にあるか確かめる

自機の無線機が正常だと思われる時は，管制機関（等）が他の周波数を使用している場合もあるので，しばらく様子をみるのが望ましい．

Phraseology Example 1

指定された周波数で交信できない場合，以下の方法により，交信を回復する手段を講じる．

- 周波数切りかえ直後であれば，前の周波数に戻るか，当該管制機関の別の周波数へ切りかえる
- 最寄りの管制機関，もしくはFSC又は対空センターを呼び出す
- 他の航空機に通信の伝達を依頼する

PIL: Kagoshima Radar, JA 5806, 15 miles east of Miyazaki, unable to contact Kobe Control on 133.85.

PIL: 鹿児島レーダー，JA 5806です，宮崎空港の東15マイル，133.85で神戸コントロールと交信できません．

他の航空機に伝達を依頼する場合は，以下のようになる．

PIL: JA 123G, JA 345J, please relay our message to Sapporo Control.

PIL(2): JA 345J, JA 123G, go ahead.

PIL: JA 345J, over Memanbetsu 0500, 6,000 feet, estimate Asahikawa 0540.

PIL: JA 123G，JA 345Jです，札幌コントロールへのメッセージの伝送をお願いします．
PIL(2): JA 345J，JA 123Gです，どうぞ．
PIL: JA 345Jは，女満別通過0500，6,000フィート，旭川到着予定0540です．

特定の周波数によって交信できない場合は，緊急周波数121.5又は243.0によって通信を試みる．

PIL: All stations, JA 5806, possible radio failure, transmitting 121.5, does anyone read me?

PIL: 各局，JA 5806です，通信機故障の可能性があります，121.5で送信しています，誰か聞こえますか？

「all stations」とは，通信可能範囲内にあるすべての航空機宛の通報を同時に送信する時に使用される用語である．

Phraseology Example 2

交信の回復ができない場合は，

・VMC を維持して飛行する

・トランスポンダーを 7600 にセットし，飛行を続ける

・周辺の空港に着陸する

・管制機関（等）に到着を知らせる

なお，送信機能だけが作動している可能性もあるので，一方送信を行うことが望ましい．交信不能時に飛行・着陸を行おうとする場合は，トランスポンダーを 7600 にセットしておき，タワーに向けて着陸灯を点灯させ，ライトガンの指示によって着陸を行う．

PIL: ****** Tower, JA 123G, transmitting blind, over *****, 2,000 feet for landing, runway 35.**

PIL: ****** Tower, JA 123G, transmitting blind, joining right downwind, runway 35 for landing.**

PIL: ****** Tower, JA 123G, transmitting blind, turning base for landing, runway 35.**

PIL: **** タワー，JA 123G，一方送信します，***** 上空，2,000 フィート，着陸します，滑走路 35.

PIL: **** タワー，JA 123G，一方送信します，右ダウンウインドに入りました，滑走路 35 に着陸します.

PIL: **** タワー，JA 123G，一方送信します，ベースを旋回中です，滑走路 35 に着陸します.

一方送信を表す用語としては，上記の「transmitting blind」のほか，「transmitting in the blind」「blind transmission」等がある．なお，ライトガンの指示に関しては P.50 を参照のこと．

なお，**** には該当するコールサイン，又は地点を適宜入れる．

UNIT.2. Lost Position

- ロストポジション -

Words & Phrases

Star Gazer スターゲイザー	intercept and escort 会合誘導（*1）
emergency 緊急状態	

＊（*1）会合誘導とは捜索救難活動の一環として，現在位置不明等の困難な状況にある航空機に対して，空中で目視又はレーダーによる捕捉によって安全に着陸させる支援業務のことである．

Introduction

自機の場所が不明になった場合，送受信機が作動している可能性がある場合は，最寄りの管制機関の周波数か 121.5 又は 243.0 で呼びかけを行う．その際には，

・管制機関のコールサイン

・航空機のコールサイン

・概略の位置

・ヘディング

・高度

・必要とする援助状態の説明又は緊急状態

を送信する．例えば，

PIL: Mayday Mayday Mayday, Star Gazer, JA 123G, around Hakodate, heading 270, 8,500 feet, VFR, lost position due to VOR failure, request radar pick up.

のように送信する．

なお，管制機関のコールサインの代わりに，防空用レーダーの固有符号，これが不可能な場合は共通呼び出し「Star Gazer」を使用する．

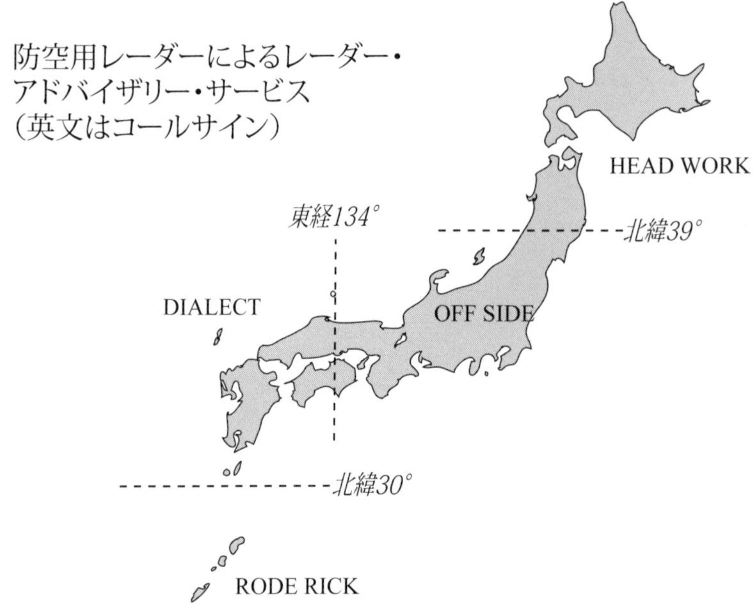

送信機能のみが作動しない場合は，以下を行う．

・できる限り航空路を避けて，右回りに三角飛行を少なくとも 2 回行った後，元のコースを飛行する

・上記の方法を約 20 分毎に繰り返し，121.5 をモニターし管制機関からの呼びかけを待つ

送信機能及び受信機能が作動しない場合は，以下を行う．

・できる限り航空路を避けて，左回りに三角飛行を少なくとも 2 回行った後，元のコースを飛行する

・上記の方法を約 20 分毎に繰り返し，会合誘導の援助を待つ

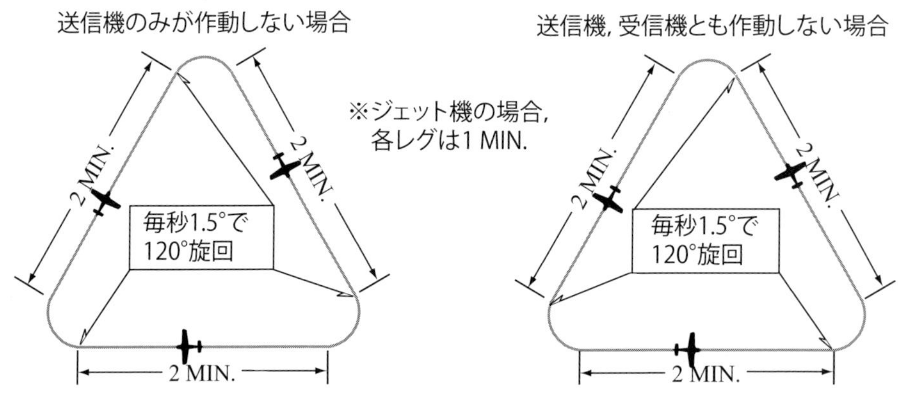

UNIT.3. Distress Communications

- 遭難時の交信 -

Introduction

航行中に，航空機の火災，機体の重大な故障，緊迫した状態が発生する等の，重大な事態に直面した時は，遭難状態や航空機事故に至ってしまう前に，緊急状態（emergency）を宣言（declare）して支援を要請するべきである．これにより管制上の優先的取扱いが期待できるからである．

遭難通信は「Mayday」，緊急通信は「Pan Pan」の信号で開始する．日本では,「Emergency」の宣言によって，「Mayday」「Pan Pan」と同様に管制上の優先的取扱いが受けられるが，国際的には「Mayday」「Pan Pan」の用語を使用することとなっている．「Emergency」はいわゆる緊急信号ではない．

航空機に対する捜索救難を必要とする緊急状態としての，遭難（distress）と緊急（urgency）は，通常，以下のように定義される．

・Distress --- a condition of being threatened by serious and / or imminent danger and of requiring immediate assistance.

「重大か且つ / 又は急迫した危険にさらされており，且つ即時の援助を必要とする状態」

・Urgency --- a condition concerning the safety of an aircraft or other vehicle, or of some person on board or within sight, but which does not require immediate assistance.

「航空機もしくは他の輸送媒体の安全，又は，機上もしくは視界内の人の安全に関する状態であって，即時の援助を必要としない状態」

遭難や緊急に直面したパイロットは，

・可能であればVMCを維持して上昇

・管制機関と通信を設定

・通信設定できない場合はトランスポンダーを7600又は7700にセット

を行うのが望ましい．

周波数はそれまで使用中の周波数によって行うが，緊急用周波数121.5又は243.0を使用しても構わない．また，管制機関から使用周波数を指示された場合はその周波数で行う．通信の設定ができない時は，使用可能な周波数を駆使して通信を設定するべきである．

Typical Exchanges

＊遭難（緊急）通報

Call ATC

1. Mayday (Pan Pan) × 3
(2. ATC callsign)
3. aircraft callsign
4. nature of distress
4. intention of the person in command
5. other information (*1)

遭難通報の場合は「Mayday」（可能な限り 3 回），緊急通報の場合は「Pan Pan」（可能な限り 3 回）を使用し，その時使用している周波数（必要な場合は緊急用周波数）で通報する．その後の通信に「Mayday」又は「Pan Pan」を前置するかどうかは，パイロットの判断に任されている．

なお，（*1）に関し，特に VFR 機は，

・航空機の周辺の状況

・パイロットのインテンション

・計器飛行証明の有無

を通報することが望ましい．パイロットが計器飛行証明を有しており，必要な装置を備えている場合は，レーダー誘導による飛行の支援が受けられるからである（安全に着陸できると判断できれば，レーダー誘導よりも VMC を維持して最寄りの飛行場に着陸すべきである）．

通信の優先順位は，以下の通りである（AIP GEN 3.4　3.2.1.3 より）．

1．遭難通信（Distress Messages and Distress Traffic）
2．緊急通信（Urgency Messages）
3．方向探知に関する通報
4．安全運航に関する通報
5．気象通報
6．正常運航に関する通報

なお，航空機用救命無線機（ELT: Emergency Locator Transmitter）又は非常用位置指示無線標識（EPIRB: Emergency Position Indicating Radio Beacon）の発信音を受信した航空機は，以下の事項を管制機関（等）へ通報しなければならない．

1．自機のコールサイン
2．遭難信号を受信した旨の通報
3．遭難信号を最初に受信した地点，高度，及び時刻
4．遭難信号が聞こえなくなった地点，高度，及び時刻
5．その他情報

Phraseology Example 1

遭難通報を行う時は，可能であれば，状況やパイロットのインテンションもあわせて通報することが望ましい．

PIL: **Mayday Mayday Mayday, JA 123G, with instrument failures, I can't fly and the plane is upside down.**

PIL: メーデー，メーデー，メーデー，JA 123G，計器の故障です，現時点で操縦不能です，航空機が逆さまになっています．

Phraseology Example 2

残存燃料で安全に着陸するため優先的取扱いが必要であると判断した場合は，緊急状態を宣言する．

PIL: **Pan Pan, Pan Pan, Pan Pan, JA 123G, fuel remaining 50 minutes, request approach clearance without delay.**

PIL: パン・パン，パン・パン，パン・パン，JA 123G，残存燃料が 50 分です，遅滞ない進入許可の発出を要求します．

燃料欠乏による緊急状態（fuel emergency）を宣言する場合は，「Mayday Mayday Mayday fuel」又は「Mayday fuel」の用語を使用する（管制機関は「遭難通信」として取扱う）．

航空機の残存燃料が，目的地に到着する時点で遅延をほとんど受け入れられない状態になる場合は「minimum fuel」を宣言する．これは管制上の優先的取扱いを意味するものではなく，遅延が生じれば緊急状態になることの潜在性を意味する．これにより，EFC や EAT，進入順位等の情報が管制機関より提供される．遅延が予想されない場合は「roger, no delay expected」が通報される．

Phraseology Example 3

発動機の故障等により緊急状態にある旨を通報する場合は，以下のようになる．

PIL: **Tokyo Departure, JA 123G, we had an engine failure on the right engine due to a bird strike, we declare an emergency, request return back to Narita airport.**

PIL: 東京デパーチャー，JA 123G，バードストライクによる右エンジンの故障です，緊急状態を宣言します，成田空港への帰投を要求します．

Phraseology Example 4

緊急通信は遭難通信を除くすべての通信に対して優先権があるため，その通信を邪魔してはならない．遭難通信を発している航空機又はそれを宰領する管制機関等は，通信の妨げとなる航空機・管制機関等がある場合には，その通信を沈黙（沈黙命令：imposition of silence）させることができる．

PIL: All stations, stop transmitting, Mayday.

PIL: 各局，通信停止，メーデー．

沈黙を命令された航空機は，遭難通信が終了するまでは通信を行ってはならない．

Phraseology Example 5

遭難状態を脱した航空機は，通信を行った周波数で取り消しを通報する．必要に応じてその理由もつける．

PIL: Tokyo Control, JA 123G, cancel distress, engine re-started.

PIL: 東京コントロール，JA 123G，遭難を取り消します，エンジン再始動しました．

管制機関が沈黙の必要がなくなったと判断した時は，遭難通信の終了が通報される．

ACC: Mayday, all stations, all stations, all stations, (this is) Tokyo Control, 0100, JA 123G, distress traffic ended.

ACC: メーデー，各局，各局，各局，東京コントロールです，時刻 0100，JA 123G，遭難終了しました．

Phraseology Example 6

航空機の遭難（緊急）状態を知った他の航空機は，次のいずれかの場合にはその通信を伝送しなければならない．

- 遭難（緊急）機が自ら遭難（緊急）通報を送信できない時
- 遭難局の発する遭難通信が地上局に受信されていないと思われる時
- 更に援助の必要があると思われる時

PIL: Mayday, Mayday, Mayday, Tokyo Control, JA 123G. Intercepted Distress Call from JA 345J, with oil line break, make ditching.

PIL: メーデー，メーデー，メーデー，東京コントロール，JA 123G．JA 345J からの遭難通報を受信しました，オイル系統の故障で，不時着水するそうです．

PART.7.

VFR フライトシナリオ

UNIT.1. VFR Flight Scenario

- VFR フライトシナリオ -

Introduction

帯広空港から中標津空港まで VFR で飛行する場合の管制機関（等）との交信例を扱う．ここでは，帯広空港 → 大津 → Kushiro VOR → 霧多布 →別海（V-REP）→ 中標津空港 → 釧路 VOR → 大津 → 糠内（V-REP）→ 帯広空港のルートを取り上げる．

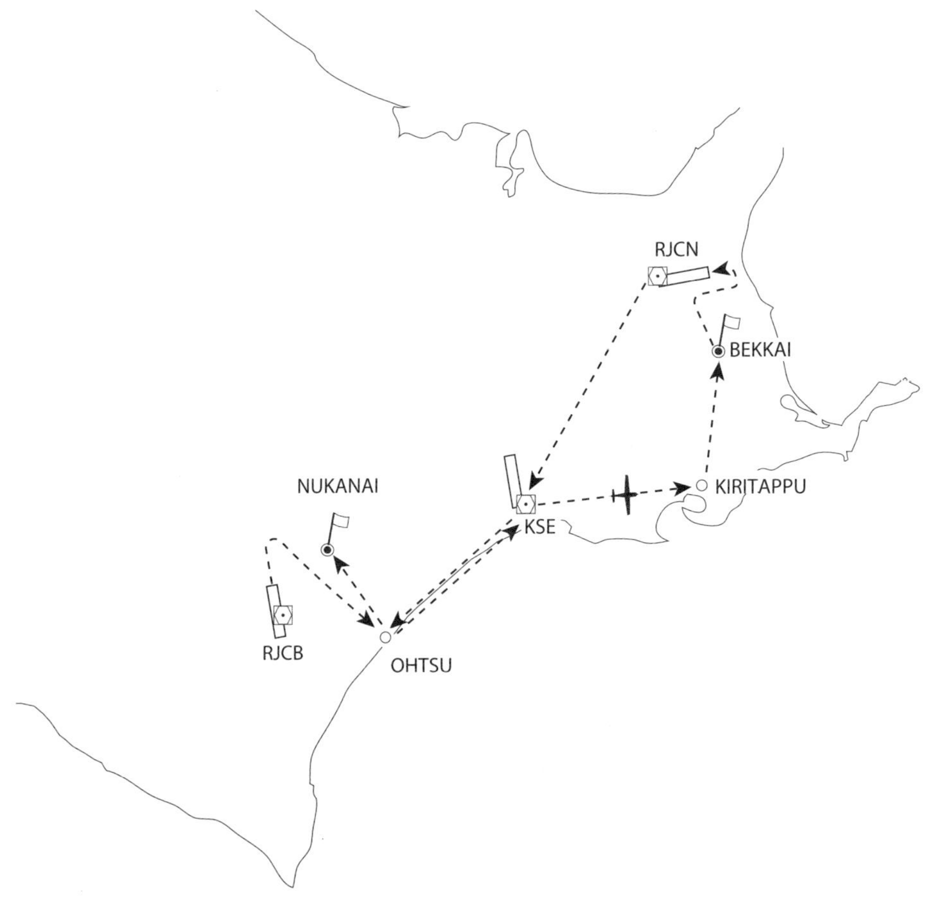

＊ CAC Apron から管制圏を離脱するまで

PIL: Obihiro Tower, JA 018C.

TWR: JA 018C, Obihiro Tower, go ahead.

PIL: JA 018C, at CAC, request taxi instruction, southeastbound.

TWR: JA 018C, taxi to holding point runway 35, wind 270 at 1, QNH 3015.

PIL: Taxi to holding point runway 35, QNH 3015, JA 018C.

PIL: Obihiro Tower, JA 018C, at T-4, ready, request right turn departure, southeastbound.

TWR: JA 018C, right turn approved, wind 210 at 2, runway 35 cleared for take-off.

PIL: Right turn approved, runway 35 cleared for take-off, JA 018C.

PIL: Obihiro Tower, JA 018C, leaving control zone.

TWR: JA 018C, frequency change approved.

PIL: Frequency change approved, JA 018C.

PIL: 帯広タワー，JA 018C です.

TWR: JA 018C，帯広タワーです，どうぞ.

PIL: JA 018C，現在 CAC エプロン，地上走行を要求します，飛行方向は南東です.

TWR: JA 018C, 滑走路 35 の滑走路停止位置まで地上走行して下さい, 風向 270 度 1 ノット，QNH 3015.

PIL: 滑走路 35 の滑走路停止位置まで地上走行します，QNH 3015，JA 018C.

PIL: 帯広タワー，JA 018C，現在 T-4，離陸準備完了，ライトターンデパーチャーを要求します，飛行方向は南東です.

TWR: JA 018C，右旋回許可します，風向 210 度 2 ノット，滑走路 35，離陸支障ありません.

PIL: 右旋回許可，滑走路 35，離陸支障なし，JA 018C.

PIL: 帯広タワー，JA 018C，管制圏を離脱します.

TWR: JA 018C，周波数の変更を許可します.

PIL: 周波数の変更を許可，JA 018C.

＊管制圏を離脱して札幌 Control と交信

PIL: **Sapporo Control, JA 018C, VFR.**

ACC: **JA 018C, Sapporo Control, go ahead.**

PIL: **JA 018C, 8 miles southeast of Obihiro airport, maintain 5,500, VFR to Nakashibetsu airport, request radar traffic advisory.**

ACC: **JA 018C, squawk 1144.**

PIL: **Squawk 1144, JA 018C.**

ACC: **JA 018C, radar contact, 12 miles southeast of Obihiro airport, report altitude.**

PIL: **Maintain 5,500, JA 018C.**

ACC: **JA 018C, copy, area QNH 2964, maintain VMC.**

PIL: **Area QNH 2964, maintain VMC, JA 018C.**

PIL: 札幌コントロール，JA 018C です，VFR で飛行中です.

ACC: JA 018C，札幌コントロールです，どうぞ.

PIL: JA 018C，帯広空港の南東 8 マイル，5,500 フィートを維持しています，VFR により中標津空港へ向かいます，レーダーアドバイザリー業務を要求します.

ACC: JA 018C，1144 を送って下さい.

PIL: 1144 を送ります，JA 018C.

ACC: JA 018C，レーダーコンタクト，帯広空港の南東 12 マイル，高度を知らせて下さい.

PIL: 5,500 フィートを維持しています，JA 018C.

ACC: JA 018C，了解，空域 QNH 2964，VMC を維持して下さい.

PIL: 空域 QNH 2964，VMC を維持します，JA 018C.

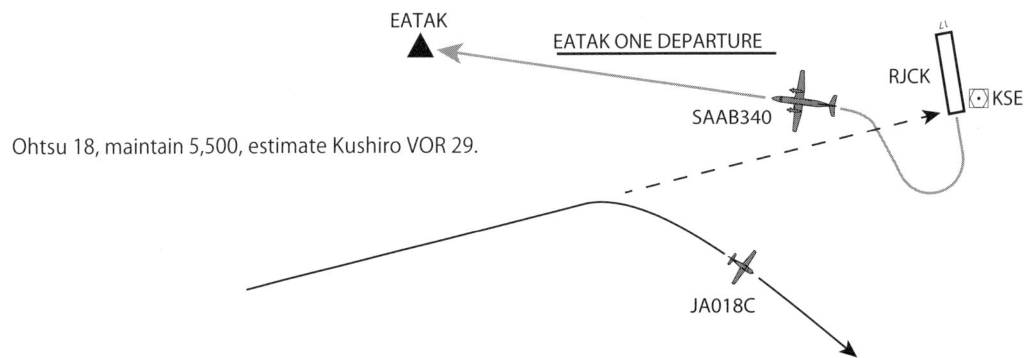

RJCN Weather: Nakashibetsu 0000 met report, wind 230 at 10, visibility more than 10 km, sky condition, few 3,000, temperature minus 8, dew point minus 15, remarks, sky condition, 1 okta cumulus, 3,000, QNH 3014.

ACC: JA 018C, now IFR departure from Kushiro, airborne runway 17, do you accept right turn southeastbound.

PIL: JA 018C, roger, use caution, make southeastbound.

ACC: JA 018C, now IFR departure SAAB 340 airborne from runway 17, EATAK Departure climb 12,000, report traffic in sight.

PIL: Report traffic in sight, JA 018C.

PIL: Sapporo Control, JA 018C, traffic in sight.

ACC: JA 018C, roger.

ACC: JA 018C, clear of traffic, resume own navigation.

PIL: Resume own navigation, JA 018C.

ACC: JA 018C，釧路空港からの IFR 出発機が滑走路 17 から離陸します，右旋回して南東方向へ飛行できますか？

PIL: JA 018C，了解，気をつけます，南東方向へ飛行します．

ACC: JA 018C，今，IFR 出発機の SAAB 340 が釧路空港の滑走路 17 から離陸しました，EATAK Departure です，12,000 フィートへ上昇中です，トラフィックを視認したら通報して下さい．

PIL: トラフィックを視認したら通報します，JA 018C.

PIL: 札幌コントロール，JA 018C，トラフィックを視認しました．

ACC: JA 018C，了解．

ACC: JA 018C, トラフィック解消，通常航法に戻って下さい．

PIL: 通常航法に戻ります，JA 018C.

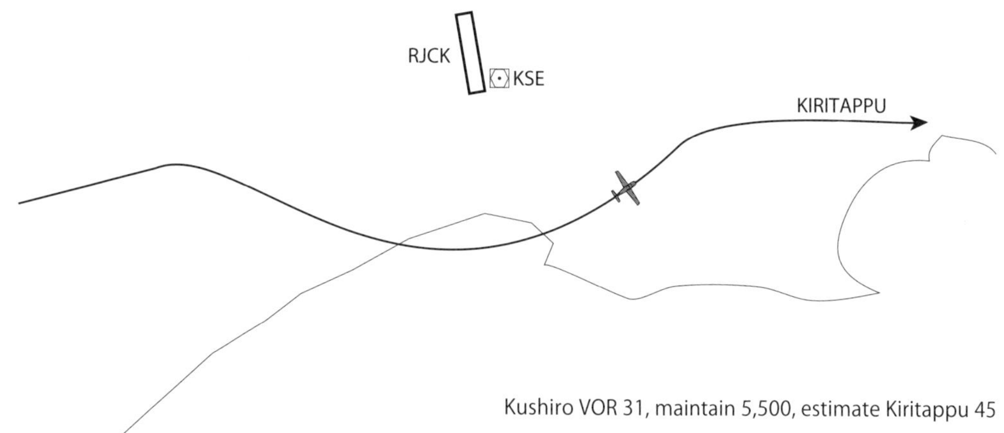

ACC: JA 018C, Sapporo Control.

PIL: JA 018C, go ahead.

ACC: JA 018C, Yausubetsu shooting range is hot, up to 36,000 feet.

PIL: JA 018C, use caution.

PIL: Sapporo Control, JA 018C, leaving 5,500 descending to 3,400.

ACC: JA 018C, roger.

PIL: Sapporo Control, JA 018C, 43 miles south of Nakashibetsu airport, leaving your frequency.

ACC: JA 018C, squawk VFR, frequency change approved.

PIL: Squawk VFR, frequency change approved, JA 018C.

ACC: JA 018C，札幌コントロールです.
PIL: JA 018C，どうぞ.
ACC: JA 018C，矢臼別演習場が使用中です，36,000 フィートまでです.
PIL: JA 018C，気をつけます.

PIL: 札幌コントロール，JA 018C，5,500 フィートから 3,400 フィートへ降下中です.
ACC: JA 018C，了解.

PIL: 札幌コントロール，JA 018C，中標津空港の南 43 マイル，この周波数を離れます.
ACC: JA 018C，VFR コードを送って下さい，周波数の変更を許可します.
PIL: VFR コードを送ります，周波数の変更を許可，JA 018C.

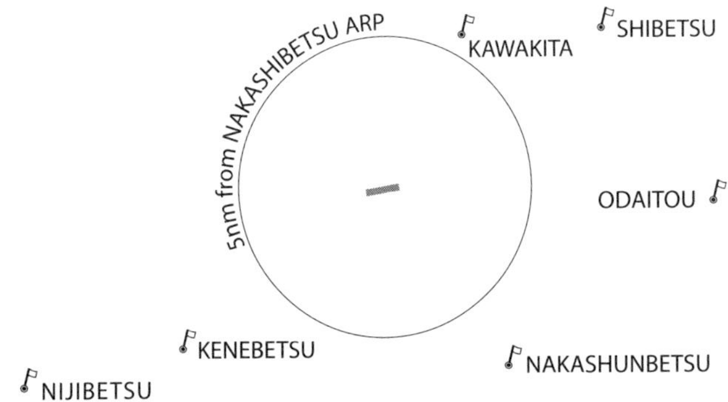

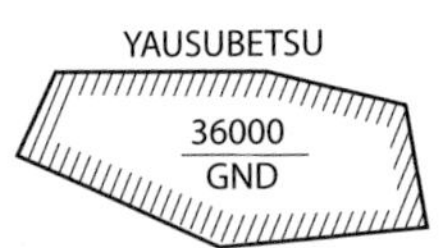

＊中標津 Radio と交信

PIL: **Nakashibetsu Radio, JA 018C.**

AFIS: **JA 018C, Nakashibetsu Radio, go ahead.**

PIL: **JA 018C, over Bekkai, 3,300 descending, proceed to Nakashunbetsu, then left downwind for runway 26, request touch and go 2 times.**

AFIS: **JA 018C, roger, runway 26, wind 230 at 9, QNH 3014, report 5 miles south.**

PIL: **Runway 26, QNH 3014, report 5 miles south, JA 018C.**

PIL: **Nakashibetsu Radio, JA 018C, 5 miles south.**

AFIS: **JA 018C, runway 26, report left downwind.**

PIL: **Report left downwind, runway 26, after touch and go, proceed to right downwind, JA 018C.**

AFIS: **JA 018C, roger.**

PIL: **Nakashibetsu Radio, JA 018C, on left downwind, runway 26.**

AFIS: **JA 018C, report base.**

PIL: **Report base, JA 018C.**

PIL: 中標津レディオ，JA 018C です.

AFIS: JA 018C，中標津レディオです，どうぞ.

PIL: JA 018C，別海上空，3,300 フィートから降下中，中春別から滑走路 26 の左ダウンウインドへ向かいます，タッチアンドゴーを 2 回行います.

AFIS: JA 018C，了解，滑走路 26，風向 230 度 9 ノット，QNH 3014，空港の南 5 マイルで通報して下さい.

PIL: 滑走路 26，QNH 3014，空港の南 5 マイルで通報します，JA 018C.

PIL: 中標津レディオ，JA 018C，空港の南 5 マイルです.

AFIS: JA 018C，滑走路 26，左ダウンウインドで通報して下さい.

PIL: 左ダウンウインドで通報します，滑走路 26，タッチアンドゴーの後，右ダウンウインドへ向かいます，JA 018C.

AFIS: JA 018C，了解.

PIL: 中標津レディオ，JA 018C，左ダウンウインドです，滑走路 26.

AFIS: JA 018C，ベースで通報して下さい.

PIL: ベースで通報します，JA 018C.

PIL: Nakashibetsu Radio, JA 018C, turning left base.

AFIS: JA 018C, runway 26 runway is clear, wind 240 at 10, after touch and go, report right downwind.

PIL: Runway 26 runway is clear, after touch and go, report right downwind, JA 018C.

PIL: Nakashibetsu Radio, JA 018C, turning right downwind, after touch and go, request left turn departure.

AFIS: JA 018C, left turn departure, roger, runway 26 runway is clear, wind 250 at 9.

PIL: Runway 26 runway is clear, left turn departure, JA 018C.

AFIS: JA 018C, report 5 miles out.

PIL: Report 5 miles out, JA 018C.

PIL: Nakashibetsu Radio, JA 018C, 5 miles southwest, 3,500 climbing.

AFIS: JA 018C, frequency change anytime.

PIL: Roger, leave this frequency, JA 018C.

PIL: 中標津レディオ，JA 018C，左ベースを旋回中です．

AFIS: JA 018C, 滑走路 26, 滑走路はクリアーです, 風向 240 度 10 ノット，タッチアンドゴーの後，右ダウンウインドで通報して下さい．

PIL: 滑走路 26，滑走路はクリアー，タッチアンドゴーの後，右ダウンウインドで通報します，JA 018C.

PIL: 中標津レディオ, JA 018C, 右ダウンウインドです, タッチアンドゴーの後, レフトターンデパーチャーを行います．

AFIS: JA 018C，レフトターンデパーチャー，了解，滑走路 26，滑走路はクリアーです，風向 250 度 9 ノット．

PIL: 滑走路 26，滑走路はクリアー，レフトターンデパーチャーを行います，JA 018C.

AFIS: JA 018C，空港から 5 マイルで通報して下さい．

PIL: 空港から 5 マイルで通報します，JA 018C.

PIL: 中標津レディオ，JA 018C，空港から南西 5 マイル，3,500 フィート，上昇中です．

AFIS: JA 018C，いつでもこの周波数を離れて下さい．

PIL: 了解，この周波数を離れます，JA 018C.

＊情報圏を離脱して札幌 Control と交信

PIL: **Sapporo Control, JA 018C, VFR.**

ACC: **JA 018C, Sapporo Control, go ahead.**

PIL: **JA 018C, 18 miles southwest of Nakashibetsu airport, 4,500, VFR to Obihiro, request radar traffic advisory.**

ACC: **JA 018C, squawk 1144.**

PIL: **Squawk 1144, JA 018C.**

ACC: **JA 018C, radar contact, 27 miles northeast of Kushiro, report altitude, QNH 3013.**

PIL: **4,500, QNH 3013, JA 018C.**

ACC: **JA 018C, roger.**

PIL: 札幌コントロール，JA 018C です，VFR で飛行中です.

ACC: JA 018C，札幌コントロールです，どうぞ.

PIL: JA 018C，中標津空港の南西 18 マイル，4,500 フィートを維持しています，VFR により帯広空港へ向かいます，レーダーアドバイザリー業務を要求します.

ACC: JA 018C，1144 を送って下さい.

PIL: 1144 を送ります，JA 018C.

ACC: JA 018C，レーダーコンタクト，釧路空港の北東 27 マイル，高度を知らせて下さい，QNH 3013.

PIL: 4,500 フィートを維持しています，QNH 3013，JA 018C.

ACC: JA 018C，了解.

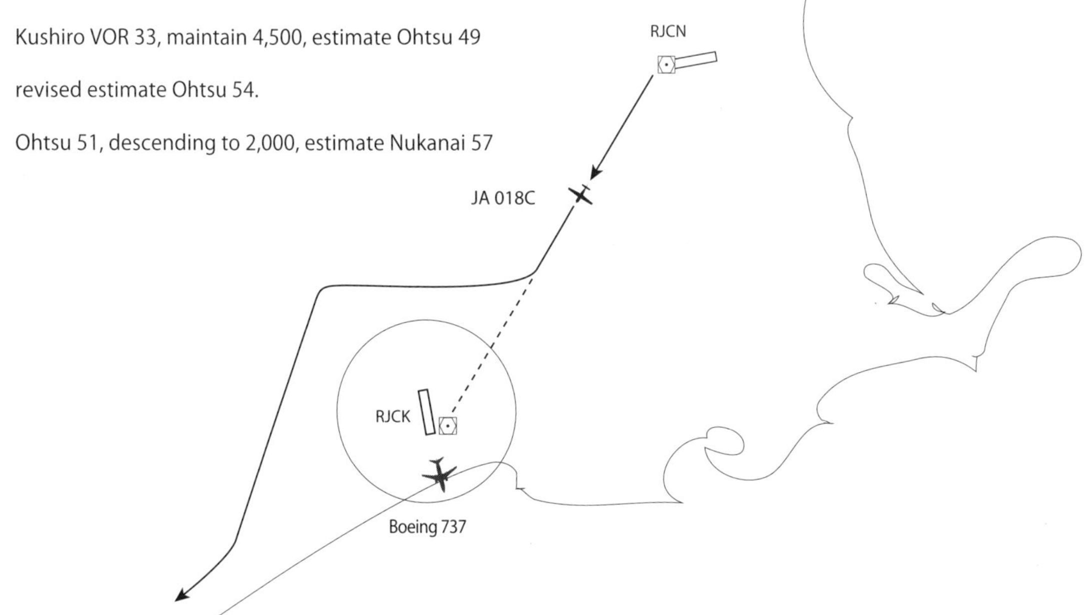

ACC: JA 018C, Sapporo Control.

PIL: JA 018C, go ahead.

ACC: JA 018C, we have IFR departure from Kushiro airport, from runway 17, southbound, Boeing 737, do you accept radar vector to north side, 3 miles north of Kushiro control zone.

PIL: JA 018C, accept radar vector.

ACC: JA 018C, roger, fly heading 270, report traffic in sight.

PIL: Fly heading 270, report traffic in sight, JA 018C.

PIL: Sapporo Control, JA 018C, traffic in sight.

ACC: JA 018C, now, clear of traffic, resume own navigation.

PIL: Resume own navigation, JA018C.

PIL: Sapporo Control, JA 018C, leaving 4,500 descending to 2,000.

ACC: JA 018C, roger.

ACC: JA 018C, report present altitude.

PIL: Now leaving 4,000 descend to 2,000, JA 018C.

ACC: JA 018C, 15 miles east of Obihiro, radar service terminated, squawk VFR, frequency change approved.

PIL: Squawk VFR, frequency change approved, JA 018C.

ACC: JA 018C，札幌コントロールです．

PIL: JA 018C，どうぞ．

ACC: JA 018C，釧路空港滑走路 17 から南に飛行する出発機ボーイング 737 があります，釧路管制圏の北側 3 マイルを通るレーダー誘導は可能でしょうか．

PIL: JA 018C，レーダー誘導可能です．

ACC: JA 018C，了解，針路 270 を飛行して下さい，トラフィックを視認したら通報して下さい．

PIL: 針路 270 を飛行します，トラフィックを視認したら通報します，JA 018C.

PIL: 札幌コントロール，JA 018C，トラフィックを視認しました．

ACC: JA 018C，現在，トラフィック解消，通常航法に戻って下さい．

PIL: 通常航法に戻ります，JA 018C.

PIL: 札幌コントロール，JA 018C，4,500 フィートから 2,000 フィートへ降下中です．

ACC: JA 018C，了解．

ACC: JA 018C，現在の高度を知らせて下さい．

PIL: 現在，4,000 フィートから 2,000 フィートへ降下中です，JA 018C.

ACC: JA 018C，帯広空港の東 15 マイル，レーダー業務を終了します，VFR コードを送って下さい，周波数の変更を許可します．

PIL: VFR コードを送ります，周波数の変更を許可，JA 018C.

＊帯広 Tower と交信

PIL: Obihiro Tower, JA 018C.

TWR: JA 018C, Obihiro Tower, go ahead.

PIL: JA 018C, over Nukanai, 2,000, request landing instruction, full stop.

TWR: JA 018C, runway 35, wind 330 at 3, QNH 3013, report right downwind.

PIL: Runway 35, QNH 3013, report right downwind, JA 018C.

PIL: Obihiro Tower, JA 018C, joining right downwind.

TWR: JA 018C, report base.

PIL: Report base, JA 018C.

PIL: Obihiro Tower, JA 018C, turning base.

TWR: JA 018C, runway 35 cleared to land, wind 360 at 5.

PIL: Runway 35 cleared to land, JA 018C.

TWR: JA 018C, turn left T-3, taxi to CAC.

PIL: JA 018C, turn left T-3, taxi to CAC, (close my flight plan).

PIL: 帯広タワー，JA 018C です．

TWR: JA 018C，帯広タワーです，どうぞ．

PIL: JA 018C，糠内上空，2,000 フィート，フルストップのための指示を要求します．

TWR: JA 018C，滑走路 35，風向 330 度 3 ノット，QNH 3013，右ダウンウインドで通報して下さい．

PIL: 滑走路 35，QNH 3013，右ダウンウインドで通報します，JA 018C.

PIL: 帯広タワー，JA 018C，右ダウンウインドに入りました．

TWR: JA 018C，ベースで通報して下さい．

PIL: ベースで通報します，JA 018C.

PIL: 帯広タワー，JA 018C，ベースを旋回中です．

TWR: JA 018C，滑走路 35，着陸支障ありません，風向 360 度 5 ノット．

PIL: 滑走路 35，着陸支障なし，JA 018C.

TWR: JA 018C，T-3 で左へ曲がって下さい，CAC エプロンへ地上走行して下さい．

PIL: JA 018C，T-3 で左へ曲がります，CAC エプロンへ地上走行します，（フライトプランをクローズします）.

Appendix

付録として，宮崎空港から離陸し鹿児島空港でタッチアンドゴー等の訓練を行う場合の交信例の一部を，参考までに載せておく．＊日本語訳はありません．

PIL: Miyazaki Ground, JA 75ME, information Q.

GND: JA 75ME, Miyazaki Ground, go ahead.

PIL: JA 75ME, at CAC, request taxi and TCA advisory northwestbound.

GND: JA 75ME, squawk 1452, taxi to holding point N-4 runway 27.

PIL: Taxi to holding point N-4 runway 27, squawk 1452, JA 75ME.

GND: JA 75ME, contact Tower 118.3 when ready.

PIL: Contact Tower 118.3 when ready, JA 75ME.

PIL: Miyazaki Tower, JA 75ME, at N-4, ready, request right turn departure.

TWR: JA 75ME, Miyazaki Tower, right turn approved, wind 300 at 4, runway 27 at N-4 cleared for take-off.

PIL: Right turn approved, runway 27 at N-4 cleared for take-off, JA 75ME.

PIL: Miyazaki Tower, JA 75ME, leaving control zone.

TWR: JA 75ME, contact Kagoshima TCA.

PIL: Contact Kagoshima TCA, JA 75ME.

PIL: Kagoshima TCA, JA 75ME.

TCA: JA 75ME, Kagoshima TCA, ident, go ahead.

PIL: JA 75ME, ident, 6 miles northwest of Miyazaki, maintain 4,500, proceed to Kagoshima airport via Iwasedamu, Miyakonojo, Jingu, request TCA advisory.

TCA: JA 75ME, radar contact, position 8 miles northwest of Miyazaki, altitude readout 4,500.

PIL: JA 75ME.

TCA: JA 75ME, contact Kagoshima TCA 120.0.

PIL: Contact Kagoshima TCA 120.0, JA 75ME.

PIL: Kagoshima TCA, JA 75ME, with information Q.

TCA: JA 75ME, Kagoshima TCA, continue TCA advisory, report over Miyakonojo.

PIL: Roger, report over Miyakonojo, JA 75ME.

PIL: Kagoshima TCA, JA 75ME, leaving 4,500 descending 3,000.

TCA: JA 75ME, roger.

PIL: Kagoshima TCA, JA 75ME, over Miyakonojo.

TCA: JA 75ME, report Jingu in sight.

PIL: JA 75ME, report Jingu in sight.

PIL: Kagoshima TCA, JA 75ME, Jingu in sight.

TCA: JA 75ME, contact Kagoshima Tower 118.2.

PIL: Contact Kagoshima Tower 118.2, JA 75ME.

PIL: Kagoshima Tower, JA 75ME, with information Q.

TWR: JA 75ME, Kagoshima Tower, go ahead.

PIL: JA 75ME, over Jingu, 2,500, request 2 times touch and go.

TWR: JA 75ME, runway 34, report right downwind.

PIL: Runway 34, report right downwind, JA 75ME.

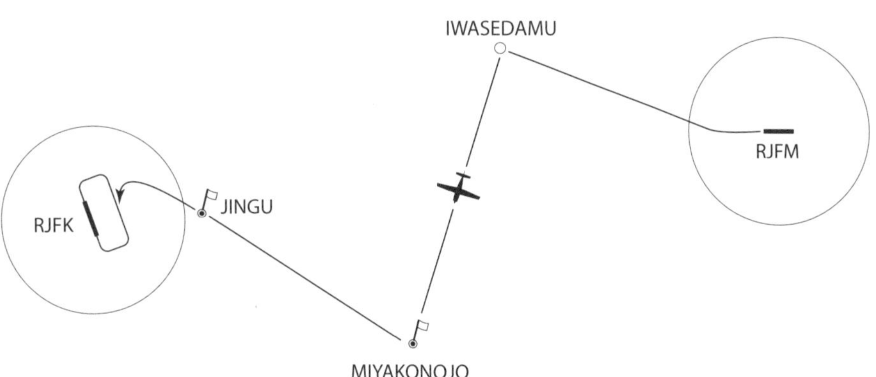

TWR: **JA 75ME, revised, join direct right base, report right base, runway 34.**

PIL: **Join direct right base, JA 75ME.**

PIL: **Kagoshima Tower, JA 75ME, on right base.**

TWR: **JA 75ME, runway 34 cleared touch and go, wind 210 at 10 knots, after touch and go, join left traffic.**

PIL: **JA 75ME, runway 34 cleared touch and go, after touch and go, request break to Kamo.**

TWR: **JA 75ME, roger, after touch and go, left turn approved.**

PIL: **After touch and go, left turn approved, JA 75ME.**

PIL: **Kagoshima Tower, JA 75ME, over Kamo, request touch and go.**

TWR: **JA 75ME, runway 34, report left downwind.**

PIL: **Report left downwind, JA 75ME.**

PIL: **Kagoshima Tower, JA 75ME, joining left downwind.**

TWR: **JA 75ME, make right 360 on downwind, report entering downwind.**

PIL: **Make right 360 on downwind, report entering downwind, JA 75ME.**

TWR: **JA 75ME, request intention after touch and go.**

PIL: **JA 75ME, after touch and go, left turn departure southwestbound, proceed to Makurazaki.**

TWR: **JA 75ME, request cruising altitude.**

PIL: **JA 75ME, cruising altitude 6,500.**

TWR: **Roger.**

PIL: **Kagoshima Tower, JA 75ME, joining downwind.**

TWR: **JA 75ME, report base.**

PIL: **Report base, JA 75ME.**

PIL: **Kagoshima Tower, JA 75ME, turning base.**

TWR: **JA 75ME, runway 34 cleared touch and go, wind 230 at 8, after touch and go, left turn approved.**

[著者]
縄田義直(Yoshinao Nawata)
1976年熊本県生まれ.
一橋大学大学院言語社会研究科博士課程.
現在、独立行政法人航空大学校教授。専攻は社会言語学・航空英語.
著書に『航空留学のためのATC』/共著、『ATC入門－IFR編－』、
『ATC入門 －リスニング編－』(ともに鳳文書林出版販売発行)など.

平成22年２月10日　初版発行
令和 ３年11月24日　第５版発行

印刷　㈱ディグ

ATC入門　－VFR編－

縄田義直著

鳳文書林出版販売㈱
〒105-0004　東京都港区新橋３－７－３
Tel 03-3591-0909　Fax 03-3591-0709　E-mail info@hobun.co.jp

ISBN978-4-89279-467-4 C3032 ¥3100E　定価　3,410円（本体価格3,100円＋税10%）